TURING 图灵新知

引力是什么：支配宇宙万物的神秘之力

〔日〕大栗博司 著
逸宁 译

What is Gravity

Hiro

人民邮电出版社
北京

图书在版编目(CIP)数据

引力是什么：支配宇宙万物的神秘之力 /（日）大栗博司著；逸宁译. -- 北京：人民邮电出版社，2015.11（2024.7重印）

（图灵新知）

ISBN 978-7-115-40480-0

Ⅰ. ①引… Ⅱ. ①大… ②逸… Ⅲ. ①宇宙－普及读物 Ⅳ. ①P159-49

中国版本图书馆CIP数据核字（2015）第226161号

内 容 提 要

本书以简洁通俗的语言讲解了从牛顿、爱因斯坦到现在前沿物理的研究内容，用全新的方式解读了相对论、量子理论、超弦理论，真正让你理解引力、引力波、$E=mc^2$、黑洞等概念的含义与意义，也能让你体验到追寻宇宙深层谜题的冒险快感。

◆ 著　　　　（日）大栗博司
译　　　　逸　宁
策划编辑　武晓宇
责任编辑　乐　馨
装帧设计　broussaille私制
责任印制　杨林杰

◆ 人民邮电出版社出版发行　　北京市丰台区成寿寺路11号
邮编　100164　　电子邮件　315@ptpress.com.cn
网址　https://www.ptpress.com.cn
北京虎彩文化传播有限公司印刷

◆ 开本：787×1092　1/32
印张：9.125　　　　2015年11月第1版
字数：156千字　　　2024年7月北京第22次印刷
著作权合同登记号　图字：01-2015-4867号

定价：39.00元

读者服务热线：(010)84084456-6009　印装质量热线：(010)81055316

反盗版热线：(010)81055315

广告经营许可证：京东市监广登字20170147号

前　言

无法停止的“好奇心”

我每天都在思考引力。没错，就是那个将我们自身以及我们周围的一切物质——桌子、桌子上的杯子、汽车、海水和空气等，维持在地球上，不至于使其飞入宇宙空间的引力。

我已经持续研究了几十年引力。在世人眼里，我可能会被视为一个怪人。地球上没有人不受引力的影响，认真思考自己体重的人成千上万，而重新思考引力的人却寥寥无几。

因此，有时孤独感便由心而生。例如去孩子学校出席家长会的时候，如果自己被初次见面的家长询问“您从事哪方面工作”，只要我回答“我在研究引力”，对话基本就进行不下去了。哪怕对方只说上一句“很久以前我就觉得引力不可思议”，我也会滔滔不绝地谈下去，然而大部分对话都会就此终止。即使偶尔对方给予回应，也基本上是消极地说：“哦，在上高中的时候，我最头疼的就是物理。”如果遇到的是医生或律师，任何人都有想咨询的事情吧。但遇到引力研究者的时候，几乎没有人会想到“机会难得，这次要问个究竟”。

实际上，即使我介绍了专业领域的相关内容，也不会对人们的日常生活有什么帮助。假如了解引力可以帮助减肥的话，那么我想在开家长会的时候，我会成为众人的焦点。

但是，我想通过自身的努力让更多的人了解我所从事的研究。理由很简单，就是因为它非常有趣。

在几千年的历史长河中，我们人类通过反复尝试不断摸索，解开了很多自然界中的谜题。虽然我们是身高仅为 1～2 米的生物，但是从大小相当于我们身体 10 亿 ×10 亿 ×10 亿倍的宇宙，到只有 10 亿 ×10 亿分之一米的微观世界，如今我们都可以对其进行观测和理解。

当然，还有很多没有解决的问题。人类能够深入理解“与自己身高（尺寸）不符的”世界，真是一件不可思议的事。如果只是为了生存，那么只要掌握从我们身高的 1000 倍（大约 1～2 千米）到 1000 分之一（大约 1 ~ 2 毫米）左右的世界就足够了吧。与之相比，地球到月球的距离约为 4 亿米，最近经常听闻的“纳米”则为 10 亿分之一米。从进化论的角度来讲，人类即使不理解那些上亿级的世界，也不会被淘汰。我们完全没有必要掌握那些知识。

但是，人类已经获得了知晓与生活基本无关的事物的能力。即便明知没什么用，也会败给好奇心。而且我认为人类的这种行为是非常有价值的。

在仅此一次的人生中，我希望尽量深入地了解这个世界，因此我从未间断过我所从事的研究。引力是主导我们生活的力，它就在我们的身边。但是，我们还没有完全看清它的真面目，如果不能理解引力，就无从知晓自然界中最深层的真相。因此，我认为引力研究很有意思，我也想让更多的人了解该研究领域的意义。

如果没有引力研究，就不会诞生 GPS

另外，这些研究也会在我们生活中发挥出意想不到的作用。

1969 年，费米国家加速器实验室的第一任主任罗伯特·威尔逊

（Robert Wilson）曾作为证人在美国议会上被问道："建造粒子加速器对我国的国防有什么帮助？"这里提到的"加速器"是指基本粒子研究中不可或缺的实验设备。具体情况我会在后面解释，这里只要把它理解成观察微观世界的巨型显微镜就可以了。

当时已经提出了在芝加哥郊外建造加速器的计划。该项计划是美国原子能委员会事业的一环，因为该委员会曾主持研制原子弹"曼哈顿计划"，所以即使在基本粒子物理学研究的建设上，也试图先赋予其国防使命。而且当时这项计划需要几亿美元的预算，毫无用处的建设是不会得到国民同意的。

就在这预算是否能得到认可的关键时刻，威尔逊给出了这样的回答："加速器对于国防不会有直接的作用。但是，它对于保护我们国家是有益处的。"

威尔逊的回答很伟大，接受并通过计划的议会也伟大。虽然费米实验室的加速器现在被日内瓦的 LHC（大型强子对撞机）取代了，但在很长的一段时期内，它作为世界上最强大的加速器，对物理世界贡献巨大，很多令全世界感到自豪的重大发现都源于它。

进一步讲，科学的发展并非只是为了提高一个国家的知名度。科学通过推广合理的思考方式，让人类从迷信和偏见中解放出来，通过探究宇宙和生命的奥秘，让我们对世界的认识与体验变得更加丰富。有句话这样说："科学的目的是人类精神的荣光。"正如此话所讲，科学具有其自身的价值，创造出这种价值的意义重大。

而且，虽然科学发现最初是源于研究者的好奇心，但是从长远看，也有不少成果最终在实际应用中发挥出了作用。获得"菲尔兹奖"（也被称为"数学诺贝尔奖"）的森重文对于自己研究的基础数学这样评价："虽然现在不能马上体现其作用，但是 50 年或 100 年以后它会发挥出未知的作用。因此一颗探究之心是最好的指南针。"一提到算术或数学，厌学的孩子就会提出这样的疑问："学它有什么用？"但是，这些脱离日常生活的抽象研究往往会在未来起到意想不到的作用。

图 0-1　伽利略·伽利雷（1564—1642）

物理的世界亦是如此。例如 17 岁的伽利略·伽利雷在比萨的教堂发现了“摆的等时性”。当时伽利略或许是厌倦了比萨，心不在焉地盯着教堂的天花板看，对头上吊灯的摇摆产生了兴趣。他用自己的脉搏计算时间，观察一会儿后发现，摆动的周期与摆锤的重量以及振幅无关，只取决于摆线的长度。至于这个故事是否属实，科学史家们也持有不同的意见。虽然关于在何种情况下发现摆的等时性并没有定论，但至少有记录显示在 1602 年之前伽利略已理解了这一原理。

这一发现衍生出的“谐运动”被广泛应用于解释声波和电波等诸多物理现象的理论中。当然，它也被用于实用的技术之中，在我们日常生活中发挥着重要的作用。

另外，科学家在研究中使用的工具，有的经过改良也会被推广到整个社会中。互联网上的网页浏览器就是其中之一。它是由在 CERN（欧洲核子研究组织）工作的技术人员开发出来的，刚才提到的加速器 LHC 就在 CERN。因为有几千名研究者在 CERN 共同工作，所以必须高效地实现信息共享。于是，那里的技术人员开发了可以通过各自的电脑阅览放置于服务器的信息的方法，并将那些信息免费公开。这一技术给我们每天的生活带来了巨大的转变。

引力的研究也以各种各样的形式衍生出了“有用的技术”。例如人造卫星中的 GPS（全球定位系统）。如果不了解牛顿的万有引力定律，就无法发射人造卫星。其实如果没有爱因斯坦的相对论，也无法使用 GPS 准确地测定距离。关于这一点，我会在后面的章节中做详细说明。

引力研究与理解宇宙息息相关

万有引力定律和相对论都是关于引力机理的划时代的重大发现。而且现在的引力研究继牛顿和爱因斯坦的时代之后，迎来了“第三个黄金时代”。关于引力的大型观测和实验项目相继启动，支撑它的理论也取得了巨大的进步。另外，根据这些理论我们也逐渐看清了宇宙的面目。本书的内容是追溯爱因斯坦的相对论及其之后 100 年间的研究发展，以及最新的引力理论所描述的宇宙。

读者刚开始读此书的时候，可能会想到“这是一本什么书？”或者“引力的话题会怎么展开呢？”等问题。那么，在正题开始之前，我先说明一下本书的整体框架。

朝永振一郎是继汤川秀树之后第二位获得诺贝尔奖的日本人。他在京都市青少年科学中心收藏的彩纸上，写下了下面的话。

认为某种现象不可思议，这是科学之芽。

仔细观察确认后不断思考，这是科学之茎。

坚持到最后并解开谜题，这是科学之花。

引力主导着我们在地球上的生活，重新审视这种力后发现它具有各种令人不可思议的性质。第一章选取了引力的“七大不可思议”，这是本书的“科学之芽”。

从第二章开始讲述如何解释引力这些不可思议的性质，以及它是怎样与理解宇宙联系紧密的。近代的引力研究是从伽利略和牛顿的时代开始的。然而，随着19世纪电和磁性质的明确，我们发现其与牛顿的理论不是很吻合，科学家们遇到了前所未有的难题。直到爱因斯坦创立了全新的引力理论——“广义相对论”，这个问题才得到解决。因此，第二章的内容是爱因斯坦的狭义相对论，第三章讲的是广义相对论。

现在市面上出版了很多解读相对论的书籍，为了能让没有读过这些书的读者也能理解理论内容，我在撰写本书的时候下了一番功夫。我本着绝不敷衍的原则，绞尽脑汁想出了自己觉得能够接受的全新解读方法。由于这部分内容我的讲解较为细致全面，如果对于想要理解整体内容的读者来说，反而可能会觉得有些啰唆。如果陷入这种状况，可以先跳过这部分，直接读下一节的内容。当遇到不明白的内容时，回头重新读前面的内容，也许会豁然开朗。

爱因斯坦的相对论变成了现今观测和理解宇宙必不可少的理论。

光是由电场和磁场的振动而产生的一种波。爱因斯坦预言引力也像波一样传导，并称其为“引力波”。我们已经找到了引力波的间接证据，不过还没有直接地观测到引力波。日本岐阜县的神冈矿山下建有用于观测引力波的大型低温引力波望远镜“KAGRA”。观测引力波的目的不仅仅是为了验证相对论。目前人类主要使用光来观测宇宙，如果能够用引力波来进行观测，那么将会打开一扇宇宙观测的全新窗口。宇宙中存在用光无法看到的物质，如果用引力波进行观测就可以看到它们。另外，引力波或许也能让我们看到宇宙诞生时的景象，所以引力波观测被寄予了很高的期望。

爱因斯坦理论的另外一个预言已经得到了证实，那就是时空扭曲理论，只要存在重物，其周围的光就会扭曲。最近进行的研究正在利用这一理论寻找宇宙中看不到的引力源——“暗物质”和“暗能量”。无论暗物质还是暗能量，只要能够彻底揭示它们的真相，就将成为今后数百年间记录在教科书中的伟大发现。利用日本引以为豪的“Subaru望远镜”可以观测从远方星系传来的光的扭曲情况，用全世界最高精度的设备观测宇宙中暗物质和暗能量的项目也已经启动了。该项目就是我作为主任研究员参与的东京大学的Kavli IPMU（卡弗里数学物理联合宇宙研究所）和日本国家天文台等机构共同开展的研究。

第三章的后半部分详细讲述关于引力波和暗物质的观测现状。

爱因斯坦的引力理论预言了黑洞的存在。由于黑洞在本书的后半部分内容中扮演了重要的角色，所以第四章会先介绍黑洞究竟是什么以及它是如何被发现的等相关内容。

第四章的另外一个话题是霍金对“大爆炸理论”的证明。提起著名的斯蒂芬·霍金，大家都知道他是一位轮椅上的物理学家，然而知道他为什么伟大的人或许并不多。霍金最初的重要工作是证明宇宙的诞生是从大爆炸开始的。虽然证明工作本身会用到高等数学，但是解说这件工作意义的时候可以不使用数学公式。

第五章是本书的“折回点”，这章介绍的内容是与相对论共同支撑20世纪物理学的量子力学。爱因斯坦为了消除电磁理论与牛顿的引力理论之间的矛盾，确立了相对论。但是，他的相对论与量子力学又产生了新的矛盾。解决这二者之间矛盾的全新引力理论将是本书后半部分的主题。

第六章终于开始讲述统一相对论和量子力学的“超弦理论”。超弦理论成为基本粒子理论主流是在我考入研究生院的那一年。我怀着探究自然界中最深层秘密的梦想进入了研究生院，从那以后我就一直在研究这一领域，直至现在。本书的后半部分也会介绍我以前的各种思考。

霍金第二项重要的工作是指出了反映出相对论与量子力学之间矛盾的“黑洞信息丢失问题”。第七章讲的就是超弦理论如何解决了这个问题。在解决这个问题的过程中，关于引力和空间性质的新见解“全息原理”也逐渐明朗。这部分内容是本书的高潮部分。为解开引力之谜而来阅读本书的读者会在这里遇到“急转”。敬请期待吧。

超弦理论作为一个发展中的理论，也存在很多没有解决的问题。例如第一章提到的“引力的七大不可思议”，也都没有明确的解释。因此最后的第八章谈的是关于超弦理论的课题以及未来的展望。

随着这一领域不断启动涉及大规模观测和实验的研究课题，一定会传来各种重大消息吧。现在或许还不能称这个领域处于振奋人心的时代。如果能了解引力的话，也能更加深入地理解宇宙研究带来的新闻。现在的引力研究是一个非常有趣的研究领域。

目录

插图、图表绘制：大栗博司

第一章

引力的七大不可思议

1. 不可思议之一：引力是“力”

在介绍引力理论之前，先让我们来谈谈关于引力的“七大不可思议”。由于在日常生活中任何人都能感受到引力，所以我们也将它的存在视为理所当然。其实，引力充满了不可思议的神秘之处。

最初人类是从何时起意识到引力的不可思议，并将其确定为科学研究对象的呢？据说引力是“牛顿看到苹果从树上掉下来之后发现的”，其实并非如此。从更古老的时代开始，人类就觉得物体落到地面的现象不可思议，并不断思考其原因。

不过，最初人类并不是认为存在“力”的作用。古希腊的哲学家亚里士多德认为，物质具有“返回原来位置的性质”。如同外出觅食的鸟终要归巢，被抛起的石头也会落回原来的位置。另外，当时人们认为物质分为水、火、土和空气这四种元素，成分中含土多的物体欲返回地球的中心而急速下落。这一观点在欧洲一直持续到中世纪。

但是，也存在该观点无法解释的物体，那就是太阳、月亮和星星等天体。在天上呈周期性运动的天体与地上的物体不同，它们看上去没有“原来的位置”。因此当时的人们认为，天上的物体是由水、火、土和空气之外的“第五元素”（以太）组成的。与地上相比，那里是不同法则所支配的另一个世界。

后来，艾萨克·牛顿彻底颠覆了这种观点。

图 1-1 艾萨克·牛顿（1642—1727）

牛顿首先明确定义了作用于物体的“力”，即能够改变物体运动状态的一切都是“力”。如果没有力的作用，物体的运动状态不会发生变化，将保持匀速直线运动（静止的物体也以“速度 0”保持静止状态）。但是，只要对物体施加外力，其运动方向和速度等状态将发生改变。例如，踢一脚处于静止状态的足球，足球就会滚动起来，这就是因为对足球施加了外力。根据牛顿的这个定义，物理学被确立为记述“物体”和作用于物体的“力”所产生的现象的学问。

当然，物体落回地面的现象也能够用“力”的作用来解释说明。如果没有力的作用，从手中脱离的石头应该飘浮在空中。石头之所以朝地面落下，是因为一种叫作地球引力的“力”改变了它的运动状态。

随后牛顿注意到了引力的“万有”性质。我认为“看到苹果从树上掉下产生灵感”的说法是后来人们编造出的故事，根据牛顿的观点，当时不仅只是地球吸引了苹果，苹果也吸引着地球。

另外，既然叫作“万有引力”，就说明它不是地上的物体所独有的力。牛顿认为天上的太阳、月亮和星星的运动也源于它们彼此的吸引。在牛顿的发现中，这才是最伟大的一点。这也是首次在理论上统一了之前被认为是不同世界的地上和天上。不论是石头或苹果落到地面的现象，还是月亮围绕地球转动的现象，都可以用同一理论来解释了。

2. 不可思议之二：引力的强度非常弱

牛顿研究清楚了万有引力的作用机制。然而，关于这种“力”是如何产生的，连牛顿本人也无法解释。关于引力的产生机制必须等到爱因斯坦的登场，后面的内容会详细介绍这方面。

在此之前，就连引力为“万有”这一牛顿的主张也经历了相当长的时间才得到实际验证。直到18世纪末，人们才根据实验证明了地上的物质之间存在引力作用。当时距离牛顿的发现已经过了100多年。

为什么验证万有引力要历经如此漫长的时间呢？那是因为引力的强度非常弱。

引力几乎把地球上所有物质都束缚在了地面上，所以说它非常弱的话，我想很多人会感到意外。搭乘了“发现”号航天飞机的山崎直子在返回地球的时候也曾说：“我感觉引力非常强大。”从失重的环境回到地球的话，确实能够感到引力“非常强大”。

但是，这里所说的引力非常弱是指与其他“力”相比较而言的。在自然界中，作用于物质的力并不只有引力。我们身边可以举出“磁力”的例子。磁力除了有吸引力之外，还有排斥的力（排斥力），引力却只有吸引力。因此，与引力相比，磁力更强是显而易见的。要想确认这一点也非常简单。

如果手头有一块磁铁的话，在桌子上放上铁制的曲别针，然后拿着磁铁靠近曲别针的上方试试看。冰箱贴大小的磁铁就足够了。当二者靠近到一定程度的时候，曲别针会一跃而起被吸到磁铁上。你或许认为这是一个极为普通的现象，但曲别针然而也确实被下方地球的引力吸引着。地球的质量为 60 亿 × 10 亿 × 10 亿克，越重的物体其引力就越大。我们通过这个简单的实验发现，与拥有如此重量的地球的引力相比，质量仅为几克的磁铁的引力却更强。因此，如果存在与地球重量相同的磁铁在旁边的话，地上所有的铁都将被吸过去吧。

19 世纪詹姆斯·克拉克·麦克斯韦统一了磁力和电力，之后将其统称为“电磁力”。感受磁力似乎一定要通过磁铁，不过其实电磁力也是我们身边无处不在的力，就像引力一样。如果不存在电磁力的话，物质就无法聚拢在一起。分子是在电磁力的作用下紧紧聚在一起的，所以有了电磁力，物体（当然也包括我们的身体）才不会四分五裂。

那么，如果聚拢物质的电磁力比引力弱的话，我们就不能把胳膊支在桌子上托腮了吧。胳膊肘应该会穿过桌子，突然掉到下面去。正因为电磁力的强度打败了引力，我们才能放心托腮和坐在椅子上。

因为电磁力如此牢固地聚集着分子，再加上引力的强度特别弱，所以即使桌子上的铅笔和橡皮距离很近，它们也不会相互吸引。实际上铅笔和橡皮都有引力，只不过我们看不到它起的作用。

英国的科学家亨利·卡文迪许通过实验确认了如此之弱的引力的存在。那是牛顿公布万有引力理论之后100多年的事情。亨利·卡文迪许使用的实验装置是扭秤。在扭秤上悬挂两个铅球，它们只要在彼此引力的作用下靠近，扭丝就会转动。由于变化过于细微，避免受到空气流动和地面振动等带来的影响十分困难，卡文迪许将该装置放入木箱并置于一个小房间里，使用望远镜从远处对其进行观测，测量出了大约4毫米的转动。

虽然该实验证明了物体间的引力作用，但是还没有通过距离为1/20毫米以下的引力现象来验证牛顿的理论是否正确。例如在牛顿理论中，认为引力的大小与物体间距离的平方成反比。这一定律能够充分解释巨大的天体运动，但当距离缩短到1/20毫米以下（头发的粗度左右）的时候就无法精确地测量了，所以我们不知道该定律是否在这样的距离层面也同样成立。

强度如此弱的引力主导着我们的日常生活，也有人认为不可思议吧。如果电磁力相当强的话，那么忽略引力也就不足为奇了。托腮的时候胳膊肘无法穿过桌子确实是因为电磁力的存在，这点我们无法忽略。但是，苹果和地球间的作用力，月球和地球等天体之间的作用力都是引力所为。

我们之所以在日常生活中关注引力要比电磁力多一些，是因为引力只有吸引力，而没有排斥力。电磁力包含吸引力和排斥力两种力，例如正负电荷相互吸引，电性相同的电荷互相排斥。我们周围的物体基本上都是带有相同数量的正负电荷，正负相抵成了中性，电磁力的吸引力和排斥力也随之互相抵消了。与此相反，引力只有吸引力，即使强度弱，全部叠加起来的话，力也会变得很大。因此，我们受到来自地球的力基本上都是引力。

正如后面内容讲的那样，在研究宇宙的开始和进化，以及宇宙今后会如何变化发展的问题上，引力都是最为重要的部分。

3. 不可思议之三：引力即使分开也能起作用

正如前文所述，地球通过引力吸引物体的现象和磁铁通过磁力吸引铁的现象一样，它们都是源于自然界中存在的“力”。但是，把这两个现象放在一起进行比较，有人会感到意外吧？因为相对于引力这么习以为常的现象，磁铁的力给人的印象是有些“特别”的。

例如，把磁铁互相吸附和分开的现象展示给小孩看，他们就会觉得有意思并开始玩起来。这也是因为孩子觉得该现象特别吧。当让他们看把球抛起后落到地上的时候，孩子们并不怎么兴奋。

孩子们之所以感觉磁铁有意思，是因为“分开的物体竟然可以动起来”。通常情况下，如果我们想使物体动起来，必须用手推或使用齿轮直接接触来传导力。但磁铁却能够让分开的物体动起来，因此孩子们感觉这就像魔法或魔术一样。

实际上，在“能让分开的物体动起来”的这一点上，引力和磁力是一样的。现在几乎任何人都使用过电视机的遥控器，因为这个行为实在太普通，所以没有什么人会觉得其中的“场力”不可思议。但是，对于过去的人们而言，很难接受引力不通过接触进行传导的观点。虽然从牛顿出现以前就有人曾试图用“场力”解释物体下落的现象，但是大部分人觉得这很愚蠢，将其视为荒唐无稽的奇谈。他们即使能够例外地接受磁铁的神秘之力，也会拒绝承认主导自己日常生活的引力为“场力”吧。

那个时代经常被引用的是“武器软膏”这个话题。它是一即使不接触对象也能发挥疗效的药膏，例如在战争中有人受伤的时候，不是将其涂抹在伤口上，而是将其涂抹在武器上，伤口就会逐渐愈合。当然这绝对是迷信，根本就不存在那样的药。因此，当有人提出引力是场力的主张时，遭到了这样的反驳：“这不就像‘武器软膏’一样吗？真是蠢透了。”

因《玫瑰之名》而闻名的意大利作家安伯托·艾柯（Umberto Eco）在他的小说《昨日之岛》中描述过这种药膏，在地理大发现时代，利用它可以知晓时间。当时在航海的过程中如何正确推测时间是一个很重要的问题。如果知道时间的话，就能根据太阳和星星的位置算出经度，从而确定自己处于浩瀚海洋的何处。小说中的人物将一条受伤的狗带上了船，把沾有狗血的绷带留在了码头上。码头上的人每天正午都会往那块绷带上涂药，同时身处远方的狗就会疼得汪汪直叫。在航海的过程中，船上的人就靠狗的叫声掌握时间。也就是说，狗的叫声成为了报时工具。

引力的场力作用与这样超自然的药膏基本一样不可信。因为从常理考虑，武器软膏确实是不存在的，同理用场力来解释苹果从树上掉下和月亮围绕地球转动的现象也是极其不合理的。

但是，任何人都无法否定磁力的场力作用，因此也不能断定引力不具备这样的性质。随着人们对磁力理解的深入，引力的场力作用也逐渐得到认可了。山本义隆是一位获得过每日出版文化奖和大佛次郎奖等诸多奖励的著名作家，他在自己的作品《磁力和引力的发现》中描述了磁力的理解与牛顿发现万有引力相关的背景，推荐感兴趣的读者可以读一读这本书。

不过，后来关于自然界中“力”的研究进展结果表明，即便是电磁力也不是在分开的物体间瞬间传导力的。关于这一点也会在后面详细说明。在磁铁吸引铁的时候，是有传导力的粒子往来于两者之间的。引力也是如此。我们虽然还没有发现它，但是认为苹果和地面以及月亮和地球之间也是存在看不见的粒子在传导着引力。

4. 不可思议之四：引力对一切物体的作用都是一样的

在关于科学发现的奇闻趣事中，有很多真伪不明的传说。如伽利略仰望教堂的吊灯后发现“摆的等时性”，牛顿观察苹果从树上掉落后想到万有引力定律等。关于引力还有一个有名的轶事，那就是伽利略的“比萨斜塔实验”。在该实验中，伽利略从塔上同时释放大小相同的铁球和木球，与大多数人预想“重的铁球会先落地”的结果相反，两球以相同的速度落下。据权威考证称，这个实验其实未曾出现过。

但是，其实验结果是准确无误的。1971 年，阿波罗 15 号的指令长大卫・斯科特（David Scott）在月球表面向我们展示了同样的实验。在没有空气阻力的月球表面同时释放铁锤和羽毛，它们以完全相同的速度落下。

这可以说是与我们直觉相反的现象吧。亚里士多德也认为，越是含土元素多的（也就是重的）物质，下落的速度越快。在伽利略的时代到来之前，任何人都坚信这一点。像鸟的羽毛和纸片那样轻的物体受到空气阻力的影响较大，这也干扰了人们对于这方面的理解。

不过，考虑到引力的性质，重的物体和轻的物体同时落地的现象依然令人不可思议。虽然桌子上的铅笔和橡皮并没有黏在一起，但是如果将地球上的所有物体都看成是黏在一起的话就会发现，质量越大，引力的作用就越强。因此，物体越重，受到“被地球吸引的力”越强。如果在同一高度同时释放苹果和西瓜，由于质量更大的西瓜被地球强有力地吸引着，所以会认为它将先到达地面。

然而实际上并非如此。在没有空气阻力的环境中，物体的下落速度是一样的，与质量并不相关。这是为什么呢？

我们容易忽视的是“物体越重，使它动起来就越难”。本来质量就仅仅指使物体“动起来的难易程度”。只要想象一下拉拽翻斗车和两轮拖车，就能明白质量越大动起来越难。

拉拽地面上的物体时，因为物体越重需要克服的摩擦力越大，所以使其动起来就越难。不过即使没有摩擦力，也存在使物体动起来的难易程度差异。例如在失重的宇宙飞船中，假设体重为 200 公斤的相扑手和 20 公斤的孩子互相冲撞。因为双方都轻飘飘地浮着，所以完全没有摩擦力。由于作用力与反作用力相等，因此他们彼此受到的力是大小相同的。

但是，他们远离互撞地点时的速度是不同的。体重轻的孩子会飞得更远。如果你不同意这一观点，请尝试思考一下相扑手用手指把小跳蚤弹飞的情景（图 1-2）。相扑手和跳蚤不会以相同的速度飞出去，因为质量大的相扑手“动起来更难”。另外，这一现象与引力、摩擦力完全没有关系。

图 1-2　在失重状态下，如果相扑手与跳蚤互撞，谁将被弹飞呢？

那么，我们再思考一下苹果和西瓜下落的现象。地球用引力这条无形的绳索拴着二者，仿佛在互相拉拽。与刚才的例子中相扑手比孩子和跳蚤更难动起来一样，重的西瓜也要比轻的苹果更难动起来吧？如果是的话，那么似乎要与我们“重的物体先落下”的直觉相反，轻的苹果会先落下。

但是另一方面，地球吸引西瓜的力更强。所以“难动起来”的物体受到的引力更强。也就是说，质量大的物体具有“难动起来”和“被引力强烈吸引”的两个性质，之所以苹果和西瓜同时落下，我们只能认为是因为这两个性质正好互相抵消。因此，尽管质量越大的物体受到的引力越强，但引力对运动的影响与质量无关。

读到这里，会有很多人想起在学校学的“质量和重量的区别”吧？在学校的课堂上，老师告诉我们，质量表示改变物体运动状态的难易程度，而重量表示引力的强度，要区别对待这两个概念。其实我们可以认为它们没有任何关系，不论哪个量大，苹果或西瓜中的哪一个先落地都不足为奇。

不过现实是它们正好互相抵消，因此同时落地。关于这一点，通过精密的实验我们已经发现，目前在100亿分之一的精度下“质量”和“重量”是一致的。也就是说，“质量”和“重量”实质上是一样的，没有必要将它们区别开来考虑。

那么，为什么“动起来的难易程度”与“引力的强度”正好互相抵消彼此的效果呢？关于这个问题，牛顿理论也无法解释清楚。牛顿回答说“自然就是这样”，他给出的答案不是“WHY”，只是“HOW”而已。后来阿尔伯特·爱因斯坦对“WHY”做出了解答。后面的内容会做出详细的解释，敬请期待吧。

5. 不可思议之五：引力是“幻想”

大家都知道美国波士顿科学博物馆内的“人造雷击表演”吧？那是一个使用用来产生静电的大型范德格拉夫起电机制造雷电，并使其落到内部有人的笼体上的实验。你会认为这是一个危险的实验吧，不过笼体是由金属制成的，雷电只会在其外表进行传导，不会进入笼内。这个表演再现了过去英国科学家迈克尔·法拉第所做的实验，像这样由良导体围成的空间叫作“法拉第笼”。

通过这个实验，我们发现电磁力是可以屏蔽的。因此，雷击即使落到飞机和汽车这样金属质地的交通工具上，也不会对内部的人造成影响。

那么，引力的情况如何呢？如果像电磁力那样可以被什么东西屏蔽的话，例如在下落过程中的苹果和地球之间插入一堵“墙”，苹果就会停在空中（如果严谨地讲，这堵“墙”被微弱的引力吸引着，也会缓慢地下落吧）。

但是实际上，无论插入什么物质，苹果都不会停止下落。与电磁力不同，引力是不能屏蔽的。

不过，引力虽然不能像电磁力那样被屏蔽，但是可以让人感觉不到引力的效果。虽然不是使用什么“墙”来进行遮蔽，但是引力可以“消失”。任何人在日常生活中都经历过与之接近的状态吧。例如在乘坐的电梯下降的时候，应该会感觉到自己的身体仿佛有些飘浮感。当过山车急速下降的时候，这种感觉会更加强烈。

当然，处于这种状态的人并不是没有向下降落，而是与电梯或过山车一起下落。但是，他感觉到的引力变弱了。在宇航员的训练中，使用飞机创造“失重状态”的实验将这种感觉极端化了。关闭位于高空的飞机的引擎之后，飞机开始自由降落，机舱内的人们飘浮于宇宙之中。当与飞机以相同速度降落的时候，他们完全感觉不到引力。虽然通过窗户观看舱外就知道自己在降落，但是如果没有窗户的话，他们只会认为自己轻飘飘地飘浮着。

这样就感觉不到引力了，也就是说引力可以消失，相反引力也可以增加。让我们思考一下电梯上升的时候，就能理解那种感觉了吧。

爱因斯坦认识到自由降落的人感觉不到引力的事实后，其自身的引力理论取得了很大的进展。他本人说那是“人生中最棒的灵感”。爱因斯坦认为，引力的增加以及有时消失的现象绝不是“看上去的引力”

发生了变化。这其实是引力的强度发生着变化。

刚才我说过引力是力。根据牛顿流派关于力的定义，这句话是正确的。但是，考虑到这种“可消失”的现象，也可以说引力是因看法而发生变化的“幻想”。如果可以随意增加或减少，那么就不知道引力是否真的存在。即使说我们身边最近的力（引力）是“幻想”，也会有很多人不明白吧。我的妻子也曾这样问我：

“那么，我每天测量的体重是什么呢?”

在下降的电梯内测量体重，确实会变轻一些。我真的不知道究竟在哪里测量体重才是正确的。

不过，关于这个问题的回答，还是留在后面讲吧。请先只记住引力具有因看法不同而发生变化这一令人不可思议的性质。

6. 不可思议之六：引力的大小“恰到好处”

因为引力无法被遮蔽物切断，所以可以无限传导下去（即便力会慢慢变弱）。另外，因为引力只有“吸引力”，所以如果有很多物质，其强度就会叠加在一起变大，且不会被抵消。

引力的这一特征与宇宙的构成有很密切的关系。宇宙如何诞生以及今后如何发展，在很大程度上都要受引力左右，这么说一点也不为过吧。宇宙中有很多物质，如果其引力强的话，也有可能因自身的重量而被破坏。

我们普遍认为宇宙诞生于 137 亿年前。从诞生到 40 万年后，宇宙处于超高温的等离子态。等离子态是指分子被分成正离子和电子的状态。如果一直维持这种状态，就不会有天体诞生。后来宇宙的温度逐渐下降，引力强的地方不断聚集物质，在宇宙 4 亿岁左右的时候出现了最初的星系。到现在这么多的星系诞生、宇宙整体结构的形成，经过了大概 100 亿年。在此期间也产生了我们的太阳系，地球经过了 46 亿年孕育出了人类这种有智慧的生命体。

但是，如果引力作用出现丝毫偏差的话，历史恐怕会被完全改写。宇宙一诞生就在引力的作用下瞬间解体，或者反过来瞬间膨胀后冷却，别说生命了，就连天体都不会出现，永远是黑暗虚无的世界。宇宙之所以能够经过很长时间诞生出天体和星系，以及孕育出我们这样的生命体，是因为引力的大小“恰到好处”。

这只是偶然，还是存在什么必然的原理呢？在围绕引力的谜题中，这可以说是最为根本且深奥的问题了。我们感觉引力将我们自身束缚在地球表面是理所当然的，但是我们还不清楚是否真的“理所当然”。本书的最后部分将会探讨这个问题。

7. 不可思议之七：引力的理论还不完善

包括上面的问题在内，解释引力作用的理论尚未完成。无法解释离我们如此之近的力，就是引力自身的一大不可思议之处。

从亚里士多德的时代开始，人类就不断思考引力的问题。经过伽利略的时代后，牛顿的“万有引力定律”给引力研究带来了巨大的进展。

但是，那并不是引力研究的终点。所谓学问，意味着我们可以根据已知事物去探究“未知世界”。我认为学问的进步就如同挖洞。藏于眼前岩壁后方的是未知的世界，通过挖掘此处会增长知识。但是，我们能够理解的未知世界也只是藏在岩壁里侧的一部分而已。在更深的地方应该还存在更为广阔的未知世界，可是我们连自己“并不知道有更为广阔的存在”这一点都没有意识到。直到挖到了那里，才开始与那个未知的世界对峙，遇到此前未曾想到过的谜题。

牛顿的理论虽然阐明了引力的诸多问题，但是该理论也带来了许多人类此前不知道的谜题。引力中有很多单纯依靠牛顿理论无法理解的问题。

下一章介绍的爱因斯坦的理论解释清楚了这些问题。但是，有了爱因斯坦的理论后仍然不够完善。爱因斯坦挖掘的洞穴前面依然存在广阔的未知世界。正因为如此，现在引力研究进入了所谓的“第三个黄金时代”，雄心勃勃的研究层出不穷。

这些研究的目标不仅仅是为了弄清引力的不可思议。正如前文所述，引力的谜团与宇宙自身之谜息息相关。当然，这里所说的“宇宙”并不是“地球之外”的空间。地球本身也是宇宙的一部分，任何一部分都通用同一物理定律（牛顿阐明的问题已经说明了这一点）。也就是说，在构建理解世界整体结构的终极理论上，引力手中掌握着一把巨型钥匙。

第二章

具有伸缩效应的时空——狭义相对论

1. 物理学家是激进的保守主义者

物理学是一门通过理解物质的构成和作用力，解析自然界中所发生的现象遵循何种规律的学问。它诞生于伽利略和牛顿时代，从那以后取得了飞跃式的进步。

物理学的进步并不是指否定过去的理论然后确立新的理论。当然，也有很多理论在假说阶段就被否定而消失，不过一旦理论通过实验和观测得到验证就会作为下一个理论的基础而被保留下来。如果出现旧理论无法解释的现象，就会以“拓展”该理论的形式考虑新的理论。

例如我们使用体重秤无法测量地球的重量，但这并不是体重计的错。为了测量地球的重量，不是否定体重计的价值，而是“拓展”具备测量条件的工具吧。

从这层意义上讲，物理学家是“保守的”。他们不会轻易舍弃已经确立的理论，只要还能使用就会继续使用下去。但是，由于他们不是“守旧派”，因此不会极为珍重地去保护理论。他们用极限的条件去测试理论是否通用，只要发现“不可用”就会思考新的理论。

曾参与曼哈顿计划的美国物理科学家约翰·阿奇博尔德·惠勒（John Archibald Wheeler）将其称为“激进的保守主义”。从尽量不改变既有理论并使用到不再适用为止的这一点上看，他们具有“保守主义”色彩，从使用过激的极限条件测试理论的这一点上看，他们是“激进的”。

正如体重秤是为了测量人类的体重而被设想并制作出来的，物理学的理论也要设想各种适用的范围。但是激进的保守主义者并不仅仅满足于已经知晓的通用范围。他们常常将理论置于“设想之外”的状况之下，测试它的“实力”。

当人们置身于极限危机或意料之外的事态时，我们可以看出组织领导或政客的能力，这与科学理论是一样的。有不少实例表明，在某一范围内正确的理论会在极限状况下产生矛盾或做出奇怪的预言。

政客能力不足的暴露对于社会而言不是什么值得高兴的事，但是理论在某种状况下出现破绽对于物理学家而言可以说是一个巨大的机遇。因为这正是存在“未知世界”的证据。为了了解那个世界，他们必须拓展已有的理论并构筑新的理论。只有这样才能获得比以往更具普适性的理论。

2. 物理学的理论是以“10亿”米的步伐发展而来的

物理学的对象自然界具有从极小到极大的巨大跨度，很难突然用一个理论来解释所有现象。虽然物理学家的心愿是最终发现包括这一理论在内的根源理论，但是首先要从理解已知的范围入手，然后再不断扩展该领域。物理学的发展便是如此。

最初是无法看到全貌的，因为如果不进展到某种程度就无法看到位于前方的世界，这也是理所当然的吧。回顾历史我们发现，物理学理论所能解释的范围是以大约“10亿”米的步伐逐步发展而来的。

原始时代的人们只对与自己身高相符的周围现象感兴趣。但是随着古代文明的兴起，到了经营以农业为中心的社会生活时，为了制作出日历，人类就要关注太阳、月亮和星星运动。一旦发展到这一步，就无法阻止人类的好奇心了。

古希腊人根据不同地点北极星的高度存在差异现象，推测地球是球体。在北回归线上的尼罗河的上游西恩纳（Syene，现在的阿斯旺），夏至的正午太阳会升到顶点。亚历山大里亚（位于距离西恩纳大约800千米的北部）的图书馆馆长埃拉托斯特尼（Eratosthenes）听说此事之后，他在同一天的同一时刻，测量了太阳在亚历山大里亚落山时阴影的角度，从而计算出了地球的圆周（图2-1）。另外，阿利斯塔克（Aristarchus）通过观察月食期间月亮横切地球阴影的情况，估算出了月亮和地球的直径比。结合他的估算结果与埃拉托斯特尼的计算，就得到了月亮的直径。进一步通过比较月亮表面的大小，可以精密确定地球到月亮的距离。地球到月球的距离为4亿米左右。

但是，在欧洲中世纪之前人们所相信的是地心说，认为天上与地上遵循不同的物理规律。后来牛顿发现，那个10亿米层级的世界与接近人类身高的大概1～2米的世界，通用一套规律。“10亿米”范围内的现象基本可以用牛顿的引力理论来解释。

但是，当再叠加一个10亿的层级变成“10亿×10亿米”的世界时，就无法用牛顿理论进行解释说明了。这个尺度相当于一个星系的大小，对于主要以太阳系的运动为研究对象的牛顿而言，那里存在“意料之外”的极限状况。例如最近我们发现，太阳系所处的银河系中

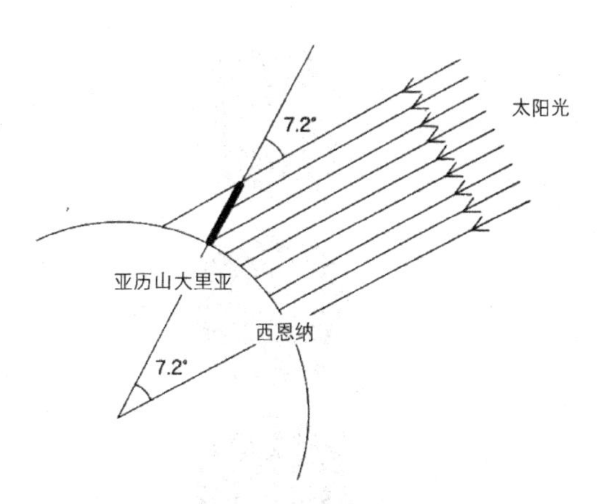

图 2-1　埃拉托斯特尼（公元前 276—公元前 194）通过在夏至中午测量太阳阴影的角度，锁定了亚历山大里亚与西恩纳的纬度差为周角的 50 分之一（=7.2 度）。然后，他把这两点之间的距离乘以 50，就计算出了地球的圆周

心有一个巨大的黑洞，它的重量约为太阳的 400 万倍。当研究对象变为拥有连光都无法逃脱的强引力的天体时，牛顿理论就束手无策了。要想解释那样的世界，必须使用爱因斯坦的理论。

但是，当研究范围扩展到比“10 亿 ×10 亿 ×10 亿米”还大时，爱因斯坦理论也会暴露出自身“实力不足”。从某种意义上讲，这是到“宇宙尽头”的距离。我们认为宇宙空间是浩瀚无垠、没有“终点”的，然而通过光能看到的距离是有界限的。那就是“10 亿 ×10 亿 ×10 亿米”这个程度的距离。

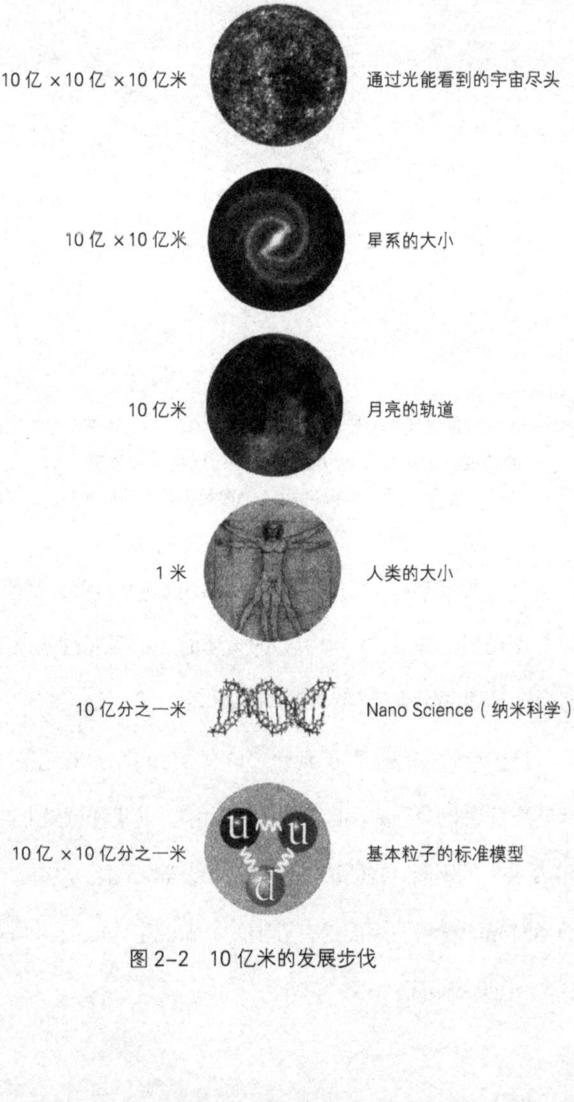

10 亿 ×10 亿 ×10 亿米　通过光能看到的宇宙尽头

10 亿 ×10 亿米　星系的大小

10 亿米　月亮的轨道

1 米　人类的大小

10 亿分之一米　Nano Science（纳米科学）

u u d

10 亿 ×10 亿分之一米　基本粒子的标准模型

图 2–2　10 亿米的发展步伐

因为光的速度是有限的，所以传播到离地球越远的地方所需要的时间就越长。例如以光速从地球到太阳大约需要 8 分钟，因此我们看到的太阳是 8 分钟前的样子。天狼星是一颗距离我们 9 光年远的恒星，仙女座星系到地球的距离为 250 万光年，从它们那里传播到地球的光也分别是 9 年前和 250 万年前的光。也就是说，在宇宙中看得越远，看到的越是“过去”的样子。那么，从理论上讲我们应该也能看到 137 亿年前“宇宙的诞生”。

但是，无论如何提高望远镜的性能，都会从某点开始无法看到更远的地方。上一章的“第六个不可思议”中也提到过，宇宙诞生后的 40 万年间处于超高温的等离子态。在这种状态下，带电的电子可以自由游走。

于是，光会与之发生反应，无法径直向前传播（我们之所以眼睛能够看到光，是因为中性的空间不会影响光的传播）。137 亿年前宇宙的那种等离子态就像宇宙被厚厚的云包裹着，因此使用通常的光学望远镜无法观测宇宙那时的样子。

不过，也不是没有“可以看见”的这种可能性。我们的办法就是使用引力波。虽然光会受到等离子体的干扰，但是引力波不会。正如“第五个不可思议”所述，因为引力不会被任何物质遮蔽。实际上，也有计划要通过引力波望远镜来捕捉宇宙等离子态之前的引力波，从而观测宇宙诞生时的样子。

爱因斯坦预言了引力波的存在。从这层意义上讲，或许可以说爱因斯坦理论揭开了比“10亿 × 10亿 × 10亿米”还大的世界的面纱。但是，追溯到更加久远的过去，在理解宇宙诞生这种极限状况下发生的现象上，爱因斯坦理论也露出了破绽。为了完美解释这一难题，我们需要的是超越爱因斯坦理论的新理论。

3. 纳米世界的纳米技术

此前我们讨论了比人类大小大得多的大世界。那么，微小的世界又是怎样的呢?

科学和技术领域现在已经迎来了在纳米水准操控物质的时代。这确实是“10亿分之一米”的世界。不适用于“10亿 × 10亿米”世界的牛顿理论，同样也无法解释这里的微观世界。于是“量子力学”应运而生，它和相对论是现代物理学的两大支柱。我会在后面的内容中介绍那个奇妙的世界，敬请期待吧。

解释微观世界的量子力学离不开“基本粒子”的研究。基本粒子物理学研究表明，原子是由质子和中子组成的，质子和中子由更小的夸克构成，名为“标准模型”的理论创建后，彻底阐明了物质及其作用力。为验证该理论而开发的基本粒子加速器能够观测到在远远小于“10 亿 × 10 亿分之一米”的世界中发生的现象。也就是说，在纳米世界里发展纳米科技，人类已经能够看见如此微小的世界了。

不过我们发现，在比“10 亿 × 10 亿分之一米”更加微小的世界里，存在很多基本粒子的标准模型无法解释现象。与“10 亿 × 10 亿 × 10 亿米”的巨大世界一样，这里的小世界也需要新的理论。

然而，理论矛盾的产生并不只是出现在遇到大小不同的世界时。即便是在同一大小的世界中，两个理论也存在不和谐的地方。其实，在爱因斯坦出现之前，作为物理学两大支柱的理论就是这样的，它们分别是牛顿的力学和麦克斯韦的电磁学。

虽然二者是同一物理学的理论，但是它们是独立发展而来的。牛顿统一了“天上”和“地上”的定律，解释了物质的运动；麦克斯韦统一了电和磁，阐明了这两种力的作用方式。

不过，在某一点上这两大理论存在巨大的矛盾。那就是关于“光速”的问题。本章将会针对消除这一矛盾的爱因斯坦“狭义相对论”进行讲解。

4. 电波、光和放射线都是电磁波的一种

首先让我们简单了解一下统一电和磁的麦克斯韦的理论。过去，人们觉得磁力就像神秘的魔术，进入 19 世纪以后发现它好像与电力存在某种联系。因为人们发现了磁生电和电生磁的现象。

图 2-3 詹姆斯・克拉克・麦克斯韦（1831—1879）

麦克斯韦用同一个方程式描述了电力和磁力，于是电力和磁力首次得到统一，从而诞生了“电磁力”的概念。

它到底与“光”有什么关系——大家应该想问这个问题，当时的研究者们也没有想到电磁力与光有关系。麦克斯韦方程组明确地解释了电场和磁场的时变。

不过这个方程组的解预言了某种“波”的存在。电场引起磁场，磁场的变化产生电场，电场和磁场如此互相作用的同时产生了一种

“波”。可以说它就像电场和磁场以“跳山羊”的形式传播的产物。

1888年德国的物理学家海因里希·赫兹验证了这个“电磁波”的理论预言，从那以后电磁波变成了我们生活中必不可少的东西。这也可以说是好奇心带来的科学发现随后发挥巨大作用的典型案例吧。

姑且不论这一点，让研究者们吃惊的是这个电磁波的传播速度为光速。于是他们发现曾认为与电力、磁力没关系的光，其实是一种电磁波。收音机和电视机中使用的电波和光，只是波长不同，本质上都同是电磁波。

电磁波并不是仅仅包含电波和光。按照波长由长到短排序依次为电波、红外线、可视光、紫外线、X射线、γ射线。电波分长波、中波、短波和微波，可视光也因波长的变化而发生从“红”到“紫”的颜色变化。

为什么可视光“可视”呢？因为我们的眼睛可以感知相应波长的电磁波。人类的眼睛无法看到比红外线波长长的电磁波，以及比紫外线波长短的电磁波。但是如果使用特定设备的话，我们就能看到可视光以外的电磁波。其实，在观测天体的试验中，我们正在使用着射电望远镜和X射线望远镜等各种各样的可视化工具。

5. 无论怎么叠加，光速都不变

如前文所述，麦克斯韦的理论和牛顿理论之间存在矛盾。根据麦克斯韦方程组，光（电磁波）的速度是固定不变的，总是30万千米每秒。

牛顿力学认为，物体的速度通过“叠加”而改变。

例如，有一辆时速为40千米向东行驶的车。车里的小明朝车子前进的方向，以20千米每小时的速度抛出一个球。对于站在路边的小花而言，那个球的时速看上去是多少呢？

答案是40 + 20 = 60千米每小时。由于小明自身的运动时速也为40千米，对他来说他所坐的车是相对“静止”的。因此，小明抛出的球对于他而言以时速为20千米的速度飞行，然而对于静止站在路边观察球的小花来说，它的速度为车和球的“叠加速度”。

另外，如果小花乘坐速度为30千米每小时的车去追赶小明乘坐的车，速度就要做“减法”。小明乘坐的车看上去在以速度为40 − 30 = 10千米每小时的速度向前行驶吧。同样，对于车上的小花而言，小明以20千米每小时抛出去的球看上去速度为30千米每小时（40 + 20 − 30）。

这就是牛顿力学中的“速度合成定理”。因为任何人在日常生活中都能体会到，所以刚才那并不是什么令人不可思议的现象。例如我们乘坐电车的时候，旁边的轨道上行驶着同一方向的其他电车。这时，如果旁边的电车看上去处于静止状态，那么就说明两列电车的前进速度相同。如果自己乘坐的电车慢慢抽出车厢向后移动的话，说明旁边的列车速度稍微快些。即使旁边的列车是速度为 300 千米每小时的新干线，如果自己乘坐的列车速度为 280 千米每小时的话，旁边列车看上去也是很慢的，因为看上去速度为 20 千米每小时。

那么，电磁波又是如何呢？假设刚才速度为 40 千米每小时小明所乘坐的车，以 9 亿千米每小时的速度疾驰。在这辆速度奇快的汽车上，小明不是向前抛出球，而是用手电筒向前发射光。30 万千米每秒的光速转换成时速大约为 11 亿千米每小时。如果套用牛顿的定理，静止观察这辆车的小花看到的光速应该为 9 亿 + 11 亿 = 20 亿千米每小时。

但是根据麦克斯韦方程组，包含光在内的电磁波并不遵循这一定理。无论是以时速为 9 亿千米每小时疾驰的小明，还是处于静止状态的小花，他们看到的光都是以 11 亿千米每小时的速度向前传播的。

6. 验证光速不变的“迈克尔逊—莫雷实验”

这对于当时的人们而言是难以置信的。明明所有物质的速度都遵循牛顿理论中的叠加法则，唯独电磁波例外，这是很不自然的。

因此，当时也有人认为麦克斯韦方程组不适用于运动状态。麦克斯韦方程组只是解释了处于静止状态的小花所看到的光速，对于运动中的小明却不适用。或许也有人听说过以太假说，这个假说也认为麦克斯韦方程组只在相对于以太静止的状态下成立（此假说后来被否定了，所以没有听说过这个假说的人也没有必要担心）。

于是，为了确定牛顿和麦克斯韦究竟谁对，人们开展了精密的实验。想出实验方法的是美国的物理学家阿尔伯特·亚伯拉罕·迈克尔逊（Albert Abrahan Michelson）。这个实验名为“迈克尔逊－莫雷实验”，是将迈克尔逊及其实验合作人爱德华·威廉姆斯·莫雷（Edward Williams Morley）的名字组合到了一起。

他们利用地球围绕太阳公转的条件，调查了光速是否发生变化。地球的公转速度约为 30 千米每秒，是光速的万分之一。朝地球公转的前进方向，从地球发射出一束光，如果速度合成定理成立，那么应该可以根据精密的测量观测出光速的变化。迈克尔逊设计出了巧妙的实验方法，那就是比较这束光和朝与之垂直方向——地球不动的方向——发射的光的光速。

如图 2-4 所示，使用半透明的镜子（分束镜），把从一个光源发射出来的一束光分成两个方向。这两束光会被各自不同的镜子反射回来。只要反射回来的两束光重叠在一起，就会产生类似于波的条纹。那就是干涉条纹，检测器会将其记录下来。

接下来，把这个观测装置连同台座一起旋转 90 度，再重新做一遍相同的实验。如果光速跟方向无关，因为只是做了旋转，所以应该看到完全相同的干涉条纹。否则，如果地球的公转方向和与其垂直方向的光速不同，那么旋转之后应该

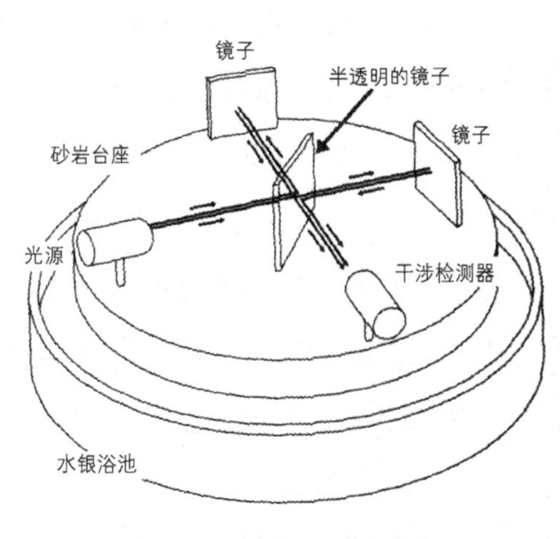

图 2-4　迈克尔逊 – 莫雷实验

看到不同的干涉条纹。这个想法的巧妙之处在于即使不去精确地调节两面镜子的位置，也可以通过观察干涉条纹的变化来判断光速是否因方向而改变。

因为这是一个精度要求非常高的实验，所以必须尽量消除振动的影响。因此，他们在地下的实验室中建造了一个装满水银的浴池，将实验装置放置于浮在上面的砂岩台座上。对于干涉条纹像差的检测可以精确到波长的 1%。如果把地球的速度和光的速度相叠加的话，干涉条纹就会出现接近一半波长的偏差。倘若如此，那么确实应该可以检测出来。

实验结果表明，即使转动实验装置，干涉条纹也不会发生变化。任何一束光都是以相同的速度向前传播，并没有把 30 千米每秒的地球速度叠加进来。因为这实在是一个重大的发现，所以迈克尔逊于 1907 年获得诺贝尔物理学奖也是理所当然的吧。但是，我们不能为单纯发现光速与运动速度无关而感到满足。如果在实验过程中明确了新的事实，那么创立解释这种事实的理论就是物理学家的使命。

当然，麦克斯韦的理论早已表明光速不变的性质，那么该如何理解与之矛盾的牛顿理论呢？由于牛顿理论能够充分解释说明光速以外的问题，因此不能随随便便地为其扣上“错误”的帽子。

于是，各个领域的研究者开始专心致力于牛顿理论的修正工作。这里要介绍的一个假说就是那些研究者提出来的。

在物体的速度远比光速慢的情况下，根据牛顿的速度合成定理可以计算出基本正确的“近似值”。但是，随着速度不断接近光速，必须通过更加复杂的计算才能得到正确的答案。也就是说，在光速这种“极限状况”下，需要一把比牛顿理论更加精密的“尺子”。

当时有很多人致力于这一方向的理论研究。与德国数学家戴维·希尔伯特（David Hilbert）一起被誉为数学界领袖的法国人亨利·庞加莱（Jules Henri Poincaré ）便是其中之一。庞加莱也因直到2002年才终于被证明的“庞加莱猜想”而闻名，他即将在下一章中登场。不过，最终确立了狭义相对论的是爱因斯坦。

图 2-5　阿尔伯特·爱因斯坦（1879—1955）

其实，表示光速固定不变的方程式并没有那么难。只要使用中学所学的毕达哥拉斯定理（勾股定理）就能推导出来。从这个角度看，对于平常的速度，牛顿的速度合成定理在很高的精度上是成立的，当接近光速的时候，就无法忽视误差了。

不过，爱因斯坦对此前关于时空的思考方式进行了根本性的革新，从而说明了它的意义。这是狭义相对论极具突破性的地方。

7. 明明是同时出的“石头剪子布”，为什么变成慢出犯规呢?

至于爱因斯坦是否知道迈克尔逊－莫雷实验的结果，一直是众说纷纭没有定论。如果爱因斯坦在不知道该实验的前提下就确立了狭义相对论，那么他只是在头脑中对牛顿和麦克斯韦理论之间的矛盾进行思考，然后创立了自己的理论。就如同在伽利略去世那年出生的牛顿完成了伽利略开创的力学一样，在麦克斯韦去世那年出生的爱因斯坦或许想对电磁理论的意义追究到底。

无论怎样，爱因斯坦没考上大学，失学之后的他从 16 岁开始就在思考:“如果我以光速与光并肩飞奔的话，那么光看起来将是什么样子呢?”如果牛顿的速度合成定理适用于此（就如同我们乘坐的新干线与相邻轨道上速度相同的新干线彼此看起来是静止的一样），光看起来将会是静止的。但是如果麦克斯韦方程组没错，就不会出现这种现象。

即使我们以光速去追赶光，它也应该依然以 30 万千米每秒的速度向前飞驰。

经过 10 年的思考，爱因斯坦终于得出了结论，那就是于 1905 年发表的狭义相对论。该理论认为，无论在何种状态下观测光速都是固定不变的，单纯的加减法对于它而言是不成立的。因为这个理论与迈克尔逊－莫雷实验的结果一致，所以是正确的。

但是，对于从行驶中的车上发射出的光，不论是运动中的人还是处于静止状态的人，他们看到的都是速度同为 30 万千米每秒的光，这个想法确实令人感到不可思议。行驶中的车的速度哪里去了呢？

爱因斯坦转换了思考的角度，以时间和空间的变化代替了光速的固定不变。他认为，越是接近光速，时间过得越慢，空间收缩得越小。

接下来让我们沿着爱因斯坦的思考轨迹思考一下时间和空间吧。如果觉得难以理解，你可以暂且认为“如果光速是固定不变的，那么奔跑中的人的手表就走得慢”，然后直接跳过这里去读第 10 节后面的内容就可以了。随后回过头来再重新阅读跳过的内容，你或许就明白了。

首先，我们先来思考一下“时间”。

大概任何人都会觉得时间因速度的变化而变慢或变快会变成很麻烦的事情。因为这样的话，乘坐电车的人的表和在该列电车到达车站接人的表就会存在误差，所以他们的碰面或许会有些困难。

不过，根据爱因斯坦的理论，这种情况确实存在于现实之中。因为运动中的物体时间发生了变化，所以“同时性”是不成立的。

例如，两个小学的棒球队通过“石头剪子布”来决定比赛的先攻和后攻。为了确保猜拳的公平进行，双方必须同时出“石头剪子布”。于是裁判在分别站立于左右两侧的两位队长正中间放置一个灯泡，裁判打开开关后两位队长只要看到灯泡的光就立刻出石头剪子布（图2–6）。因为光以相同的速度向任一方向传播，所以这么做是公平的吧？

但是，实际上在一旁观看队长猜拳的队友也有抱怨“不公平”的。如果猜拳在行驶的列车中进行，那么站立在路边的同伴看到的过程并非“同时”进行。

只要看一下图2–7就明白了，如果列车由左往右行驶，那么在光传播的过程中前方的队长正在远离光源，而后方的队长在接近光源。因此，对于从外面观察列车内情形的人而言，光会先到达后头的队长吧？因此先看到光的后头的队长会先出手。也就是说，前头的队长看上去是“慢出”犯规的。

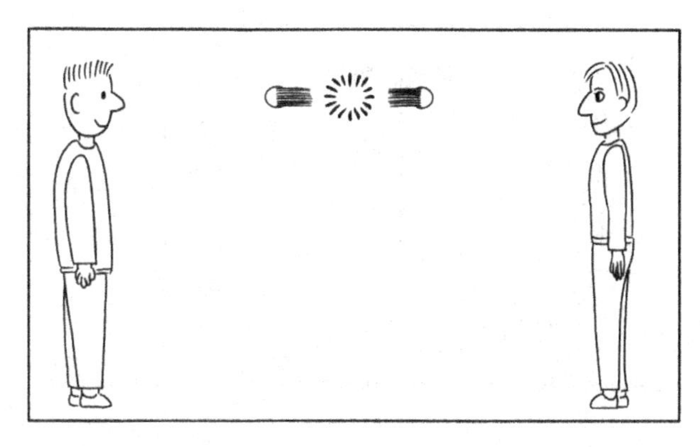

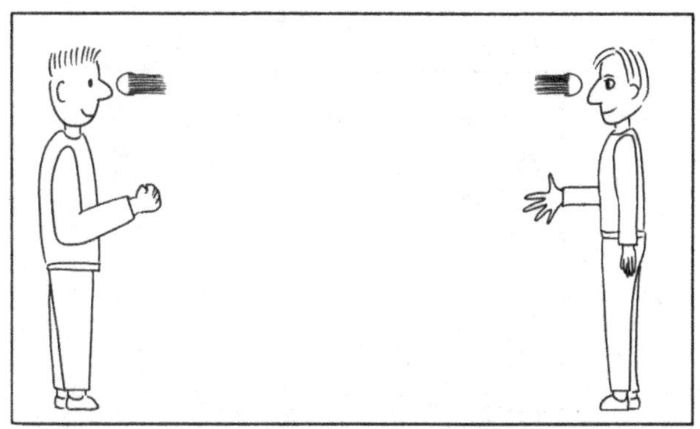

图 2-6　如果在光到达的瞬间出石头剪子布的话，就是公平的

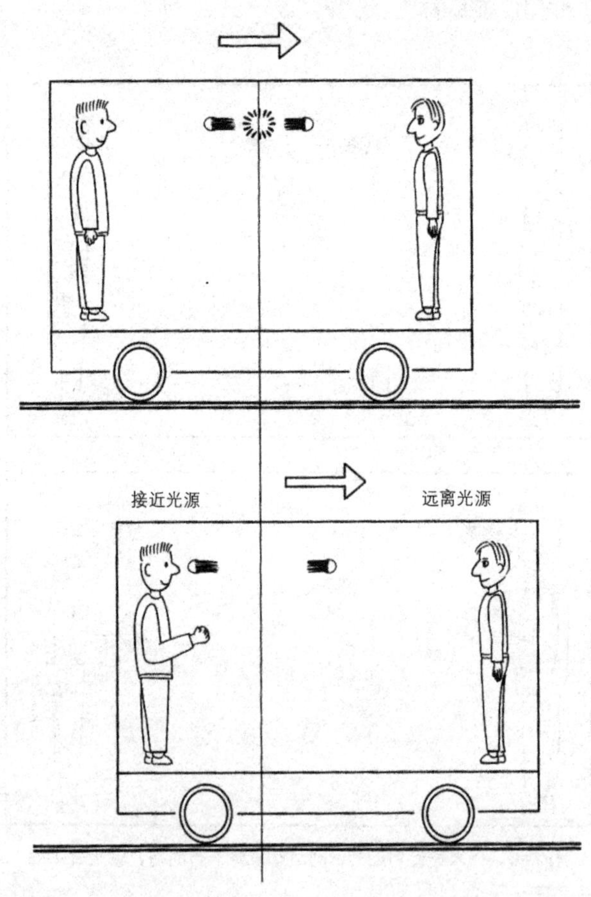

图 2-7　从路边观察列车，光会先到达位于电车后边的队长那里

当然，前头的队长并没有做出如此无耻的行为。在电车内监视他们的裁判也主张二人是同时出手的。但是，在外面观察的同伴们也并非看错了。因为列车内和外面的时间不同，所以一方看上去是同时的，而另一方看上去却不是。

在爱因斯坦发表狭义相对论之前，所有人都认为时间是绝对的，是从过去到未来的单向流动。现在也有很多人这么认为吧？

爱因斯坦为什么推翻了这一常识呢？关于这一点，有下面这样的说法。当时，爱因斯坦在瑞士伯尔尼的一家专利局里工作。根据哈佛大学的科学史教授彼得·盖里森（Peter Galison）的调查，寄到那里关于手表技术的专利申请书堆积如山。

那个时代正是工业革命的后期。随着欧洲铁道网的铺设以及列车的提速，为了保证铁路准确无误地运行，需要统一各个城市的钟表时间。由于自古以来瑞士的钟表产业就很兴盛，对于这方面的研究也很热情，因此得到了很多实际的应用。例如，利用电波来调整时间的方法等，据说有各种各样的想法。负责接收这方面专利申请的爱因斯坦或许平时经常思考“对准表”的问题。因此，他可能从中得到了什么理论的启发。

无论怎样，他那富有天分的思考能力让其发现了时间的流动是一种因观测者的不同而发生变化的东西。并不存在人们普遍认为的“绝对时间”。

8. 列车内的 1 秒与外面的 1 秒长短不同!

接下来，对于速度接近光速时间变慢的现象进行解释说明。我们还是以从外面观察行驶中的列车为例。

我们事先要准备一个“光钟”。虽然它是想象出来的产物，但是爱因斯坦很擅长使用这类东西在头脑中进行“思想实验”。这个光钟有两面上下相对的镜子，通过光在它们之间的来回反射来计算时间。我们假设把它放在以一定速度向前行驶的列车内，并且把光上下往返一次的时间设定为“1 秒”。

列车上的人看到这个“光钟”的光是在垂直方向上来回运动的，如图 2-8 的左图所示。我们在行驶中的列车中向上跳起，双脚落地的时候不会落到起跳点的后面，想到这一点就明白了吧？因为我们在空中的时候也在与列车一起运动，所以会落到原来的地方。

但是，对于站在路边的人而言，在车内起跳的人落地的时候看上去应该比起跳点靠前。“光钟”也是一样的。由于光在上下往返的过程中，列车处于向前行驶状态，所以光并不是垂直上下运动的，而是像图 2-8 右图那样倾斜运动的。

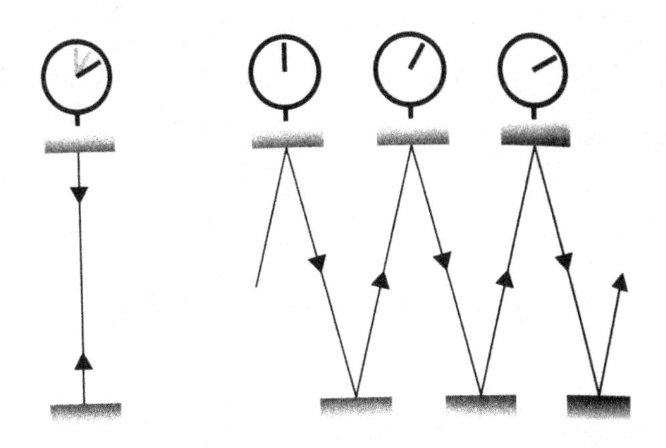

图 2-8　“光钟”所计量的 1 秒，在列车中观察和在路边观察的时候长短不同

在列车中光一次往返的时间是 1 秒，然而对于站在路边观察“光钟”的人而言，因为光是斜着传播的，所以需要更长的时间。其一次往返的时间取决于列车的速度，例如我们将其设定为 2 秒。如果有人跟着这个“光钟”的节奏在列车中做广播体操，那么在列车内 1 秒钟能够完成的动作，对于路边的观察者而言，看上去却需要 2 秒。也就是说，从外面看上去，广播体操的动作是缓慢的。列车内的时间，从

外面看变慢了。

这绝非纸上谈兵。事实上，即使以新干线的速度移动，在从东京到博多的过程中，车内人的钟表也会变慢 10 亿分之一秒（即 1 毫微秒）。这种微乎其微的误差对我们的实际生活不会带来什么影响。但是，对于汽车导航和智能手机等设备使用的 GPS 而言，相对论中的时间变慢就显得至关重要。

9. 发生变化的不仅仅是时间，距离也会伸缩！

如此发生变化的不仅仅是时间。因为“速度 = 距离 ÷ 时间”，如果速度保持不变，时间发生伸缩的话，那么距离也应该会发生变化。下面解释一下距离如何发生变化。

假设路边立着两个标识，路边的人看到列车的头部通过这两个标识的时间正好是 2 秒。那么，对于这个人而言，标识之间的距离应该为“列车的速度 × 2 秒”。

然而，从列车内部观察，两个标识是以与列车相同的速度向反方向运动的。就如同解释时间变慢的时候一样，在外面 2 秒的时间里，列车内部只过了 1 秒，因此对于列车内部的人来说，标识之间的距离应该为“列车的速度 × 1 秒”。标识的间隔明明是相同的，从列车内部观察，其距离看上去缩短了一半。这种现象叫作“洛伦兹收缩”。

我们这里考虑的是列车中的时间变慢两倍的情况，其实变慢几倍取决于列车的速度。例如在基本粒子实验中使用的 CERN 的 LHC，它是一个周长为 27 千米的大型圆形加速器。利用这个加速器可以对其中的质子进行加速实现高能对撞，不过质子的速度仅为光速的 99.999999%。在这种情况下，时间变慢了 7000 倍。另外，对于超高速运动的质子而言，周围的事物看上去缩小到了原来的 7000 分之一。如果可以乘坐质子进行观测的话，那么这个 27 千米长的圆形加速器看上去仅为 4 米左右。

10. $E = mc^2$ 是固定汇率制中的汇率

对于物体运动的思考，牛顿力学是以时间和空间不变为前提的。就如同在一个大小绝对不变的“箱子”中，观察太阳、月亮和苹果等物体的运动。“箱子”本身并不是研究的对象。

但是，在这个前提下如果认为光速是一定的，就会产生矛盾。如果时间和空间固定不变的话，根据速度合成定理，速度必然会增加到无穷大。然而爱因斯坦认为发生物理现象的“箱子”也是变化的。如果光速是一定的话，那么时间和空间只要发生伸缩就可以了。

1905 年 6 月，爱因斯坦将这一发现整理成论文后投稿发表。但是，随后他又获得了更加令人震惊的发现，并于同年 9 月撰写了该论文的补遗，从而推导出了 $E = mc^2$。

这恐怕是物理学中最为有名的公式了。虽然乍一看这个公式很简单，但是它体现了狭义相对论中最深远的预言。另外令人感到悲伤的是，这个公式也是对广岛和长崎造成毁灭性伤害的原子弹的原理，因此它也是科学技术的危险象征。

这个公式也经常出现在大众文化中。《$E = mc^2$：世界最有名方程式的传记》是一本关于这个公式的人物传记，其作者戴维·波丹尼斯（David Bodanis）在陈述开始执笔撰写这本书的动机时这样说道：

> 前几天，我在某本电影杂志上看到了一篇关于卡梅隆·迪亚茨的采访报道。记者最后的问题是问她有什么想了解的事情，她回答说她想知道 $E = mc^2$ 究竟是什么意思。他们二人相视而笑，最

后以迪亚茨的“我是认真的哟!”这句话结束了报道。当时我想到的是，虽然任何人都知道$E=mc^2$这个方程式具有重要的意义，但是真正理解其意思的人寥寥无几。

我想让每一位读者理解这个公式的推导过程以及它“到底是什么意思”。这个公式的读法是，能量（E）等于质量（m）乘以两次光速（c）。之前谈论的话题都是关于速度和距离，能量的突然出现可能会让很多人感到困惑吧。首先让我们想一想这个公式“到底是什么意思”。

大家对“能量守恒定律”这个词语有所耳闻吧？所有物理现象的前后，能量的总量既不会增加也不会减少，而是保持不变。例如挂在树枝上的苹果具有“势能”，当它脱离树枝开始下落的时候，就转化成了“动能”。当苹果落到地面上的时候，它的能量用于摔坏苹果，发出“咚”的声音，以及产生与地面之间的摩擦热等。这些能量的总和与最初的势能是相等的。这便是能量守恒定律。

如上所述，牛顿力学中的能量总和是保持不变的。

后来与能量独立存在的质量也被认为是保持不变的。18世纪后期，被誉为近代化学之父的法国人拉瓦锡通过精密的化学实验，发现化学反应的前后物质的质量总和不变。我们称之为“质量守恒定律”。

然而爱因斯坦认为，能量和质量并非各自独立保持不变，此前一直被认为是两种完全不同东西的“能量”和“质量”其实是一回事，它们可以用公式 $E = mc^2$ 进行换算。

打个比方，你在日本和美国分别拥有存款账户。因为现在是浮动汇率制，所以日元和美元的汇率时刻都在变化。不过 1973 年以前其汇率是固定不变的，让我们思考一下那个时代。

如果你没有收入和支出，那么日本和美国两个账户全部存款的价值应该不会发生变化。但是，由于可以用汇率进行换算，把钱从一个账户转移到另一个账户，各个账户的存款额可能会发生变化。我们把日元比喻成能量、美元比喻成质量，如果能量和质量能够进行换算的话，那么两者就不是各自独立保持不变的，只是它们的总和不变罢了。$E = mc^2$ 表示能量和质量的汇率（因为光速 c 是常数，所以这里是固定汇率制）。

如果质量保持不变，苹果落到地面的时候，将所有苹果碎块集中起来的质量与摔碎之前整个苹果的质量是相同的吧？但是，实际上部分势能转换成了“声音”和“热”，所以其能量用 $E = mc^2$ 换算成的质量是苹果和地球质量总和减少的部分。不过，这里消失的质量非常微小。例如，把从一米高的地方落下的物体所失去的势能换算成质量，

仅为原来质量的 1×10^{16} 分之一。毕竟光速 c 是 3 亿米每秒这么一个庞大的数字。

氢原子和氧原子结合成水分子的时候，反应后质量也减少了一点。但是，因为减少的量极其微小，18 世纪拉瓦锡的实验没能测定出来也是合乎情理的。

相反，即便是很少的质量，乘以 c 的二次方之后也可以换算成非常大的能量。例如，如果能将 1 日元的硬币的质量转换成电量的话，可以向八万户家庭提供一个月的耗电量。因此，爱因斯坦的公式将原子弹和核能发电这种产生巨大能量的技术变为可能。

11. 为什么能量可以转换成质量?

那么，为什么 $E = mc^2$？为什么能量可以转换成质量呢?

在爱因斯坦于 1905 年发表的论文中，他用算式推导了这个公式，不过我们可以用下面的内容来理解其本质。

在进入正题之前，首先解释一下重心。所谓重心就是在同一引力的作用下，在那里放上支点正好平衡的点。例如，将重量相同的两个砝码绑在一根笔直的棍子两端，棍子的正中就是其重心。因为如果支起那个点，两个砝码会像弥次郎兵卫（挑担偶人，两臂平伸姿势的偶人玩具）一样平衡。

人体的重心会因姿势而改变位置。在人体直立的时候，重心位于骨盆中心稍微靠上的地方，也就是传统医学上所讲的“丹田”附近。因为重心在体内，所以不能从外面支撑。不过把作用于人体的引力合并后就是作用于丹田附近。

重心的重要性质是只要没有外力的作用，其位置就不会改变。让我们假设小明身着宇宙服飘浮于失重的宇宙空间内。只要没有外力的作用，小明就会一直飘浮于同一地点。这是在牛顿理论和爱因斯坦理论中都成立的事实。即使小明挥动自己的手和脚，重心的位置也不改变。

我们也可以想到互不接触的物体之间也有重心。在同样失重的宇宙空间内，这次假设小明和小花分别飘浮于两处。如果他们两个人重量相同的话，其重心就是连接他们二人的线段的中心。如果小明更重一点的话，他们的重心就离小明更近一些。同样在这种情况下，如果没有外力的作用，他们两个人无论干什么其重心都不会改变。

例如，小花向小明抛出一个球。小花会在抛球的反作用力下向反方向移动，当小明接住球的时候，小花正在远离小明。虽然小花的位置发生了变化，但是他们二人的重心并没有移动。这是为什么呢?

答案非常简单。因为球自身具有质量，小花在抛出球之后，其重量减少了球的部分而变轻了。相反，接到球的小明增加了球的质量而变重了。因为远离重心的小花变轻，没有移动的小明变重，所以从整体上看重心的位置没有发生改变。

关于重心的话题先告一段落，接下来解释一下 $E = mc^2$。因为这是狭义相对论的内容，所以光必须登场了。

大家听说过光子火箭吗？通常的火箭是通过向后喷射推进剂，利用其反作用力向前推进的。光子火箭的设想是由德国的航空航天工程师欧金・桑格尔（Eugen Sänger）提出来的，其原理就是放射光，把其压力转换成推动力。正如第五章解释的那样，光是由粒子组成的，这种粒子叫作“光子”。光子的质量为零（如果具有质量的话，就无法以光速移动了）。另外，根据麦克斯韦的电磁理论，光的压力是与能量成正比的。

刚才说到了小花向小明抛出球的话题。这次把球换成光，假设小花放射光。跟抛出球的时候一样，小花在光的压力之下而远离重心。与球不同的地方是，光没有质量。因此，如果“质量守恒定律”和

"能量守恒定律"是两个独立体系的话，那么小花放射出光后，能量减少了，质量却没有发生变化。小明接到光之后，能量增加了，质量也没有发生变化。因为小花远离了原来的重心，所以他们二人的重心发生了移动。这种现象与运动的规律存在矛盾。

为了使重心不发生移动，只要像投接球那样，放射出光的小花质量减少，接到光的小明质量增加就可以了。由于小花在光的压力之下发生了移动，为了抵消这一效果，必须让质量的变化与光的压力成正比。因为光的压力与能量成正比，小花的质量会与失去的能量成比例减少。同样，小明的质量会因接收到能量而成比例增加。也就是说，通过能量的交换，实现质量的变化。然后通过计算作用力与反作用力的效果得出这个比例系数为光速的二次方，从而用公式可以表示为 $E = mc^2$。

爱因斯坦在 1905 年 9 月撰写的补遗的结束语为"如果能够找到使能量变大的物质，验证这个理论并不是不可能的"。27 年后的 1932 年，英国的物理学家科克罗夫特（Sir John Douglas Cockcroft）和瓦尔顿（Ernest Thomas Sinton Walton）将爱因斯坦的想法变为现实，他们用质子去撞击锂的原子核，发现当其转变成两个氦的原子核时，质量的总量仅仅减少了 0.2%。用公式 $E = mc^2$ 把减少的质量换算成能量，与撞击时放出的能量基本一致，仅有 200 分之一的误差。

12. 如果存在比光还快的粒子会怎样?

另外，说到狭义相对论，也会有人想起2011年9月发表的“超光速中微子”。从瑞士的日内瓦飞到意大利的格兰萨索，比光还快的实验结果宣布了中微子这一基本粒子的诞生。相关报道称“狭义相对论或许会被修正”“或许可以制造出时光机器”等。

第五章会做出详细的解释，如果存在比光还快的粒子，那么对于与粒子朝同一方向奔跑的人而言，粒子看上去正在朝过去飞逝。利用这一点，从原理上讲可以制造出向过去传送信息的时光机器。但是，如果造出了时光机器，就会打破科学根基的分支之一因果律。例如，乘坐时光机器前往过去，把尚未孕育自己的父母杀了会怎样？这个反论的例子很容易让我们理解时光机器的存在会打破因果律。

因为因果律是科学的根基，所以为了不打破这一定律，狭义相对论将光速设定为限制速度。因此，如果存在比光还快的粒子，就需要修正狭义相对论，或者认同打破因果律。

爱因斯坦虽然利用狭义相对论解开了牛顿力学与麦克斯韦电磁学

之间的矛盾，但是仍然有些问题让他耿耿于怀。在牛顿的引力理论中，只要使具有质量的物体动起来，其影响就会以引力发生变化的形式瞬间传递。因为引力理论可以实现比光还快的信息传递，所以它与狭义相对论存在矛盾。因此，引力理论与狭义相对论是存在分歧的。爱因斯坦经过不断思考，于1915年完成了另外一个相对论。从发表狭义相对论之后又经过了10年，爱因斯坦构筑了“广义相对论”。下一章的内容将会介绍这一理论。

第三章

为什么会产生引力——广义相对论

1.先来谈谈“低维度”的话题

爱因斯坦的相对论分为“狭义”和“广义”两个理论。前者于1905年完成，后者于1915年完成。这两个理论究竟有何差异呢?

上一章介绍的狭义相对论之所以称其为“狭义”，是因为该理论解释的基本是物体的匀速直线运动。我们在第一章也提到过，只要没有力的作用，物体的运动状态就不会改变。以相同的速度沿直线运动，就是匀速直线运动。

但是，自然界中存在各种各样的作用力，可以说这是一种相当“狭义”的状态吧。特别是“万有”的引力，所有物体都与之有关。如果不能解释物体的运动如何变化，就不能称其为“广义”的理论。

广义相对论正是阐明引力作用的理论。因此，以引力理论为主题的本书，其实从这里开始才真正进入正题。

虽说广义相对论令人费解，但是后面的内容并未变难。首先，让我们从“低维度”的话题开始谈起吧。因为是用本来属于四维时空的理论来解释二维空间的简单问题，所以称之为“低维度”的话题。

我想有人听到“本来属于四维”这句话会产生这样的疑惑：“空间不是三维的吗？”这里所说的四维是指“空间的三维 + 时间的一维”。相对论认为时间和空间都有伸缩效应，因此将二者合称为“时空”。

我们可以把时空的维度视为“确定位置所需的若干信息”。在三维的“空间”内，只要有纵、横和高度这三个信息就能确定位置。例如京都的街道建设得如同棋盘格子，看到住所后会立刻明白其位于平面上的位置。不过约人碰面的时候，如果只告诉对方“我们在四条河原町的高岛屋见面吧”，对方不会知道来高岛屋的几楼，所以还需要我们告诉对方“6 楼的咖啡店”这个高度。

不过，在约人碰面的时候，只告诉对方这些信息是不够的。只有加上“下午 3 点”这一表示时间的第四个信息，才能确定“时空”中的位置。

2. 如果“球”出现在二维空间内，看起来将是什么样子?

因为空间为二维（时空为三维）的世界是没有“高度”的平面，所以只要有纵、横和时间这三个信息就能确定位置。那么，空间为四维（时空为五维）的世界又是如何呢？如果没有除了纵、横、高和时间之外的另一个信息，应该无法确定位置。

生活在三维空间的我们很难想象到这个问题，不过有一本小说可供我们参考。它就是 19 世纪英国作家埃德温·A. 艾勃特写的讽刺小说《平面国》。

该书的“舞台”是一块“平地”，舞台上的演员是三角形、四角形和五角形这种平面图形。因为该书是讽刺阶级社会的作品，所以设定边数越多的图形其地位越高，底层劳动人民为等腰三角形，中产阶级为正三角形，绅士阶级为正方形和正五边形，贵族阶级为正六边形。居于最高地位的神父为圆形。

因为他们同在一个平面，所以彼此只能看到对方的“线”。但是，正如生活在三维空间中的我们可以感觉到由双眼看到的图像组合成立体的进深，他们也能够掌握二维平面上的远近，因此能够辨别眼前的图形是几边形。

《平面国》的主人公是正方形，叫作 A.Square。故事最吸人眼球的部分要数主人公眼前出现三维的“球形”的章节吧。“球形”由平地的“上”方而来，不过因为 A.Square 看不到“上”方，所以他最初能看到的只有“点”。随后球形开始向横向伸展，逐渐拓宽，A.Square 认识到“这是逐渐变大的圆形”（图 3–1）。

当立体的物体出现在平面世界的时候，看上去确实如此吧。那么顺着这个思路，我们也能想象出“四维的球体”来到我们世界的样子。首先，从我们无法看到的方向突现一个“点”，然后逐渐扩展成“球形”。如果它能够穿过我们的三维空间，那么这个“球形”不久就会收缩，最后又变回点而消失。

A.Square 与“球形”相处得非常融洽，他们成为了很好的朋友。A.Square 被球形带到了“上”面的世界，这是他生平第一次俯视平地。他用了“可以看到里面”这句话表达了当时自己的感受。而且，A.Square 想拜托球形把自己带到四维空间，让球形很为难。

如果可以“从上方俯视”三维空间的话，就能看见立体的“内部”了吧。从延伸 A.Square 的体验这个角度考虑，理论上应该如此。但是

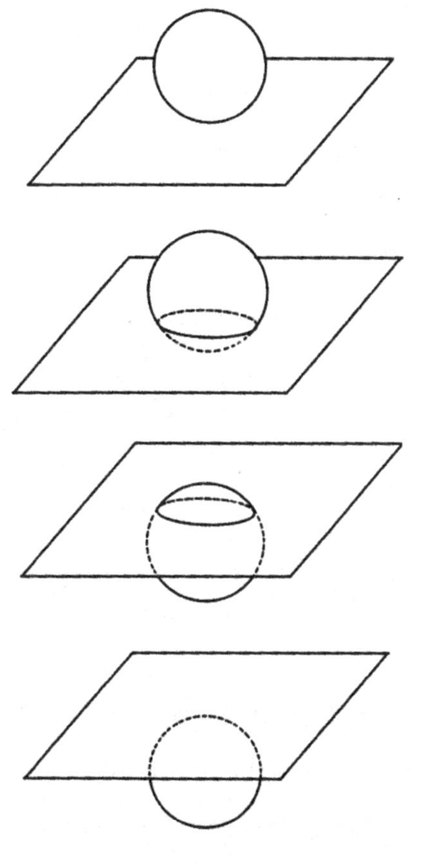

图 3-1　三维的球形到访平地

我们无法想象出那究竟是什么。因为“球形”也是三维空间里的“居民”，所以 A.Square 的请求同样令其感到困惑。顺便说一下，在与“球形”相遇之前，A.Square 遇到了“一维世界的大王”，其自身也因无法让大王理解二维的世界而感到苦闷。

不管怎样，零维（点）、一维（线）、二维（面）、三维（立体）……只要这样不断增加空间的方向，就不能说绝对无法得到四维、五维、六维……这种维度不断增加的空间。其实，本书的后半部分将会出现“十维的时空”，所以请大家把现在关于《平面国》的话题置于大脑的某个角落。

3. 在圆的中心放置物体后，圆心角将会比 360 度小？！

让我们回到“低维度的爱因斯坦理论”的话题上来。

正如前文所述，狭义相对论已经阐明时间和空间具有伸缩效应。与之相对，广义相对论认为物体的“质量”也使空间扭曲、时间伸缩。这些变化影响着物体的运动。这正是爱因斯坦弄清的引力的结构。

虽然这么说，但依然无法形成对该理论的一般印象吧。因此，为了让大家更容易理解，我们来思考一下“平面国的引力理论”。如果爱因斯坦是“平面国”的居民，他将会如何解释广义相对论中的引力作用呢？

首先，请想象平地上有一个点。如果以这个点为中心画圆，圆心角必然为360度。但是，爱因斯坦认为，如果在这个点上放置什么重物，圆心角的角度会因该重物的质量而变小，从而产生“缺损角”。原本应为360度的圆心角变成了330度或300度等度数，重物的质量越大这个点周围的角度亏损得越多。

那么，此时平面国的地面又是什么情况呢？

我们只要准备纸和剪刀实际制作“缺损角”就会一目了然。先画一个圆，然后将其中的一部分如图3-2那样剪掉一个扇形。假设这个扇形的圆心角为60度，那么剩下的“圆”的圆心角则为300度。

但是，由于剪掉的部分与之分离，因此不能称其为圆。为了将其拼成圆，需要将其两个边缘黏在一起。于是，纸张就不再是平整的了，变成了锥形，就像魔术师的帽子。

这还能叫“圆”吗？你也许会有这样的想法。在我们上学时学的欧几里得几何中，圆的圆心角为360度，三角形的内角和为180度，图形与角度的关系都是固定不变的。但是，这一规律只适用于“平面

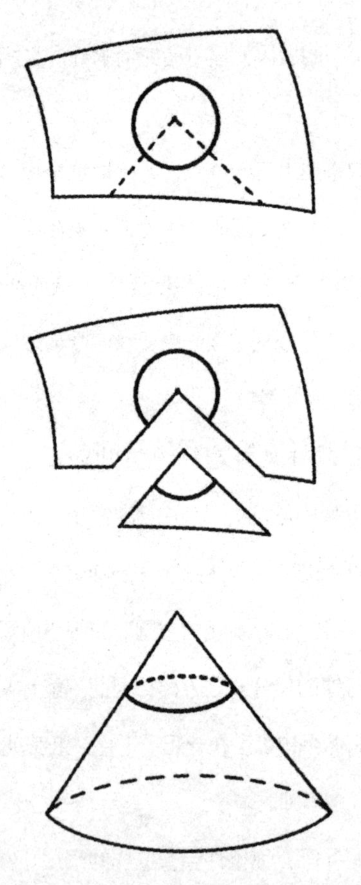

图 3-2 “缺损角”周围的二维平面变成了魔术师帽子那样的锥形

上”。在数学的世界里，也有研究曲面上图形的几何学。例如用直线把地球仪上的东京、伦敦和洛杉矶这三个点连接起来就是一个很大的三角形，但是它的内角和要比 180 度大吧？相反，像马鞍那种向外弯曲的曲面比 180 度要小。因此，我们可以通过测量图形的角度来了解平面的弯曲程度。

无论如何，刚才用纸制作的平地变成了圆心角为 300 度的曲面。二维空间因物体质量制造的缺损角变得扭曲。

但是，因为平面国居民的头脑中没有“上”和“下”的概念，所以他们不会注意到自己所处的世界变成了立体的曲面。投球的时候，他们也认为球会径直向前滚动。

然而实际上，由于空间的扭曲，球会向圆心弯曲。例如图 3-3 中箭头所示，朝两个方向投出的球会在“看不见的力”的吸引下，向缺损角的中心滚动而再度相会。“引力”的产生好像源于放置于中心的物体质量。但是，我们把这顶“魔术师帽子”展开放置于平面后发现，每个球的轨迹都是直线。那里并不存在什么特殊的作用力。

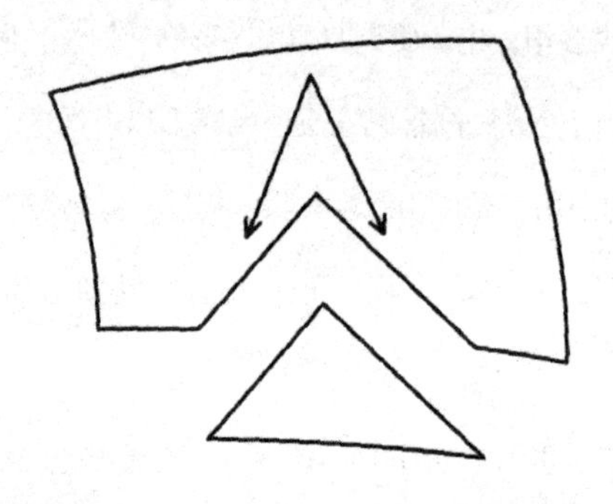

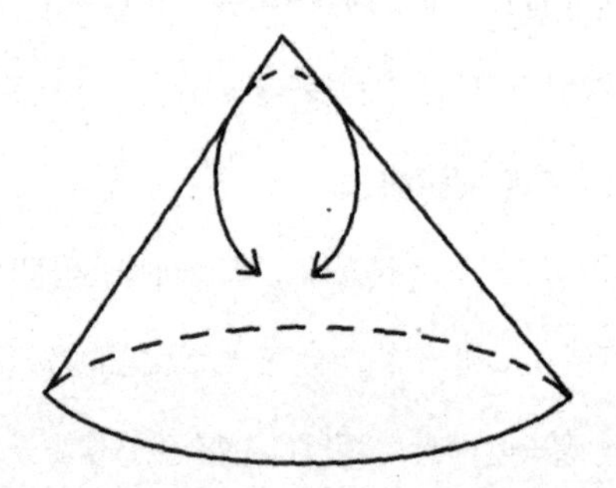

图 3-3 两个球明明应该沿着两条箭头向前径直滚动，由于缺损角的存在，它们犹如在引力的吸引下再度相会

因此，如果用爱因斯坦的这个理论来思考，引力就只是“幻想”罢了。只要看上去存在引力这种力的作用，这种现象的真面目就是“缺损角”和由此产生的“空间扭曲”。

爱因斯坦在广义相对论中展示的方程式，阐明了缺损角与质量的关系。根据那个方程式，质量越大，缺损角也会变得越大。因为空间的扭曲程度也会随之变大，所以看上去引力的作用很强。我们完全可以认为这是“二维空间爱因斯坦理论”的一切。

4. 引力的真面目为时空的扭曲

那么，换成我们的三维空间，情况又会如何呢？

虽然本来爱因斯坦创建该理论是为了解释三维空间的引力，但因为他推导出的方程式属于数学的领域，所以它能适用于任何维度的空间，而且刚才介绍的内容已经证明该理论能够解释二维空间。

但是，并非所有不同维度的适用情况都一模一样。“二维空间的爱因斯坦理论”与“三维空间的爱因斯坦理论”就存在几个不同点。

第一个不同点是平地无法产生“引力波”。我们所在的三维空间目前还无法直接观测到引力波，理论上二维空间也是无法做到的。不仅仅限于引力波，电磁波和音波也都是以波的形式向各个方向传播的。然而，由于在二维空间内传播方向有限，因此不会产生引力波。

另外，平地中没有“黑洞”。本章第8节的内容会解释这个问题，三维的爱因斯坦理论认为，引力不仅能够使空间扭曲，还能让时间伸缩。当引力强到极点，时间会变为静止，从而形成黑洞。不过，因为平地的时间不会变化，所以无法形成黑洞（正确严谨地讲，使用后面出现的“宇宙学常数”，变换一下爱因斯坦的方程式也可以考虑二维空间的黑洞。只不过在这种情况下，由于无论空间离黑洞多远都不平整，从而不再是“平面国”）。

但是，在引力改变空间性质这方面，三维空间和二维空间的情况是相同的。空间因质量而发生扭曲，这种变化影响着物体的运动。正如平地的A.Square不知道“球形”从何而来一样，作为三维空间的居民，我们对空间如何扭曲也是无从掌握的。但是，与刚才剪掉缺损角的纸张出现立体扭曲一样，我们的这个空间也是扭曲的。

如果我们能够想到太阳系的运动，理解起来或许会容易一些。当在用纸做的“扭曲平地”中滚动玻璃球时，球看上去好像被吸引拐向中心点。在我们所在的三维空间中，地球围绕太阳转动以及月亮围绕地球转动，都是因为时空的扭曲改变了它们的运动方向。

5. 爱因斯坦人生中最棒的一次灵感闪现

我们前前后后说了很多爱因斯坦的理论，那么爱因斯坦是如何想出这样的理论呢？为什么一旦有质量出现，时空就会扭曲呢？让我们一边追寻爱因斯坦的思考过程，一边思考一下这个问题吧。

1905 年爱因斯坦发表狭义相对论之后，同年还发表了另外两篇重要的论文。它们分别是关于“布朗运动”的理论和“光量子假说”。前者证明了原子和分子的存在，后者是后来取得巨大发展的量子力学之基础。

所谓布朗运动，就好比散落在水面上的花粉发生细微运动的现象。当时人们还不清楚是否真的存在原子和分子，不过爱因斯坦指出，如果存在原子的话，就能解释说明布朗运动。

光量子假说指出此前被认为是“波”的光兼有“粒子”的性质，因此该项研究获得了诺贝尔奖（后面的内容会讲述相对论未获得诺贝尔奖的原委）。对于爱因斯坦而言，1905 年堪称“奇迹之年”。

虽然爱因斯坦取得了如此骄人的业绩，但是他依然没能立刻在大学里找到工作。于是，爱因斯坦在之后的四年中，一直在伯尔尼的专利局上班。他利用工作的闲暇，乐此不疲地从事着物理学的研究。

1907年的某一天，在专利局办公室里思考问题的爱因斯坦想到了一个点子。这一想法被爱因斯坦自己称之为后半生“最棒的一次灵感闪现”。

第一章中的“第五个不可思议”也曾讲述过，关闭位于高空的飞机的引擎之后，飞机开始自由降落，机舱内的人们可以体验到“失重状态”。面向地面下落的同时，他们完全感觉不到引力，轻飘飘地飘浮在空中。正如爱因斯坦所言，“感觉不到自己的重量”。

不过，也不是说牛顿力学无法解释这一现象。如前文所述，如果假设感觉引力的“重量”与表示改变物体运动状态难易程度的“质量”相等，那么两者的效果就会抵消，重的物体和轻的物体都会以相同的速度落下。于是，飞机和乘客一起以相同的速度下落。因此，乘客会感到自由下落中的飞机舱内没有引力作用。但是，牛顿力学没有解释为什么“重量”和“质量”相等，也就是未说明“引力”和“改变物体运动状态难易程度”之间存在联系的原因。

爱因斯坦“最棒的一次灵感闪现”颠覆了牛顿以来的理论。他并没有假设“重量与质量相等”，来解释为什么“下落过程中感觉不到引力”，而是假设“下落过程中引力消失，没有力的作用”，来说明“重量与质量相等”。

当电梯加速上升的时候，乘坐电梯的人可以感觉到来自下方的推力。因为这个力与质量成正比，所以就像引力增加了一样。相反，当电梯加速下降的时候，由于感觉到来自上方的拉力，因此引力相应减少了。牛顿力学把在电梯加速运动中感觉到的力解释为“表面的引力”。然而，爱因斯坦认为，这并不是“表面的引力”或“与引力相似的力”，而是引力的本质。引力自身实际上是一种或增或减的力。爱因斯坦认为运动中产生表面的力与引力是一样的，他的这一想法被称为“等效原理”。

如果能把加速度调节得恰到好处，“表面的力”就会与引力相互抵消，也可以让引力完全消失。这个加速度就是让电梯自由下落时的加速度。如果剪断电梯的绳索让其自由下落，电梯就会在引力的吸引下不断向下加速。这就是“重力加速度”。此时乘坐电梯的人或许会感到轻飘飘地浮在空中。也就是说，以重力加速度下降的电梯中的人会体验到失重状态。因为关掉引擎的飞机下降的加速度也是重力加速度，所以机舱内也是失重状态。

6. 可以消失的引力与无法消失的引力

如果引力在任何地方的作用都是一样的话，那么这个话题就到此结束了。让我们假设眼前的引力作用都是方向相同且大小一样的。这时我们会认为眼前存在某一重物以相同的力吸引着自己。但是，其实这是我们的幻想，即使不存在吸引我们的物体，只要我们一齐做加速运动，也会感觉到完全相同的力。相反，如果把加速运动调节得恰到好处，也可以让引力消失。也就是说，引力与有加速度是一回事，关于引力的解释没有更加深入的内容了。

但是实际上，引力作用一样以及可以因加速度“消失”都是例外的状态。例如，如果远离地球，引力就会慢慢变弱。另外，北极和南极虽然同在地球上，但是它们引力作用的方向也是相反的。在这些情况之下，引力的强度和方向绝对不是一样的。

刚才我们谈到，在自由下降的电梯内感觉不到引力。当我们认为电梯远远小于地球的半径，来自地球的引力基本一样的时候，这种观点是成立的。而在与地球大小几乎相同的巨型电梯内，因为引力是不同的，所以即使让电梯自由下降也不能让引力消失。

为了演示引力无法消失，请试想在巨型电梯中让两个球落下。两个高度不同的球在与地面垂直的方向上同时落下，因为位置高的球受到地球的引力相对较弱，所以落得要比位置低的球慢。因此，观察这两个球会发现，它们互相不断拉开距离。如果在自由下降的电梯中做这个实验，我们看到的应该是浮在空中的球会在垂直方向上上下分离。

另一方面，让水平并排的两个球落下的情况如何呢？由于高度相同，两个球会不断靠近。如果换成在自由下降的电梯内，浮在空中的两个球看上去是黏在一起的吧？（图 3-4）也就是说，地球的引力在竖直方向具有拉伸物体的作用，在水平方向具有挤压物体的作用。

月球的引力也具有相同的性质。月球的引力对于地球的影响是使地球在纵向上拉伸，在横向上挤压。因此，地球表面的海水会沿着月球的方向逐渐涨满，与之垂直的方向则不断退去。这就是涨潮和落潮的发生机理。

因此，我们通常把不同引力所带来的效果称为“潮汐力”。

任何观测者对其进行观测，“潮汐力”都无法消失。这是至关重要的一点。对于如何思考这种无法消失的力，正是让爱因斯坦最煞费苦心的地方。

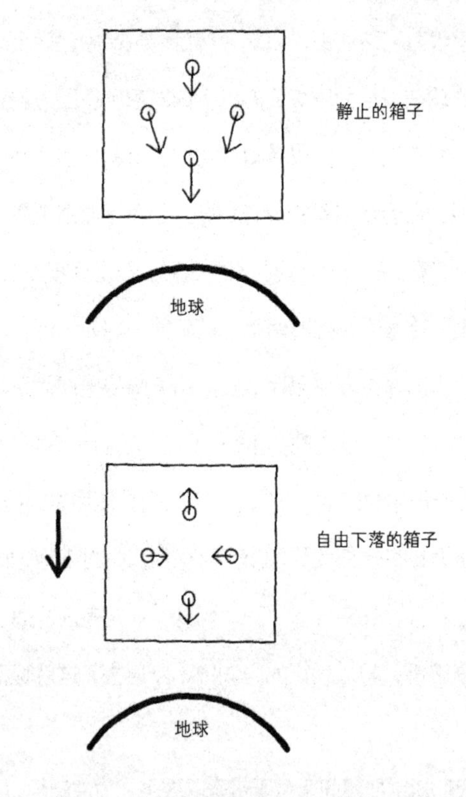

图 3-4 在巨大的箱子中，来自地球的引力是不一样的。即使让箱子自由下落，也无法使引力消失

7. 在旋转的宇宙空间站中发生了什么?

即使引力不一样，空间的各点也能抵消引力的效果。因为如果能够调节好电梯的加速度，就能让电梯内部变成失重状态。在引力不同的情况之下，问题在于我们需要考虑每个地方加速度不同的电梯。为了解释说明这种引力，必须理解“以不同速度运动的观测者之间是什么关系”。

幸运的是爱因斯坦已经创建了这样的理论，它就是上一章讲到的狭义相对论。该理论准确无误地阐明了以不同速度运动的观测者之间的关系。利用这一理论，我们可以得到思考不同引力的启示。

那么，为了理解这一点，让我们再次尝试思想实验吧。爱因斯坦在发表广义相对论这篇历史性论文的时候，曾使用过这个实验。

我们这次实验的舞台是旋转中的宇宙空间站。让其旋转起来会变成失重状态，因此不适合长期在那里逗留。虽然失重状态会带来肌肉萎缩和骨质疏松等健康上的负面影响，但是由于宇宙空间站旋转起来会产生离心力（与加速的电梯相同），会营造出与存在引力一样的状态。因为被外侧吸引着，所以只要将其旋转速度调整到离心力和地球上的引力相同的时候，我们就可以在其表面正常地行走了吧？当然由于宇宙没有“上”和“下”的概念，因此我们感到被吸引的方向为“下”。

这个想法很久以前就存在了，例如在《2001 太空漫游》（*2001: A Space Odyssey*）这部科幻电影中，宇宙空间站就基本是旋转的（顺便说一句，现在的国际宇宙空间站也进行着失重状态下的实验，只不过不旋转）。

根据爱因斯坦的等效原理，由加速度或离心力产生的引力不是“表面的引力”，而是“引力本身”。由于离心力和引力没有区别，因此在旋转的宇宙空间站中存在“真的引力”。

另外，这种引力不是一成不变的。由于它以放射状从中心辐射到四周，所以其方向并不是一个，旋转速度越靠近外侧越快，因此外侧的离心力（即引力）要比内侧的强。在这个与我们日常生活存在性质差异的空间内，到底会发生什么呢？

爱因斯坦思考的问题是“如果在这个宇宙空间站测量旋转部分的圆周，将会得到怎样的结果”。我们上学的时候学过，圆的周长等于“直径 × π”。π 是无理数，不过我们这里暂且将其设定为

3.14。宇宙空间站的旋转部分是圆，因此“不论谁看”，其周长都是直径 ×3.14 吧?

8. 圆周率＝ 3.14…不成立的世界

请想象一下，我进入宇宙空间站，拿尺子去测量它的直径和圆周，你在宇宙空间站的外面观察这一切。因为尺子不够长，所以必须分段测量多次（例如用长度为 25 厘米的尺子测量 1 米长的物体，需要分段测量 4 次）。

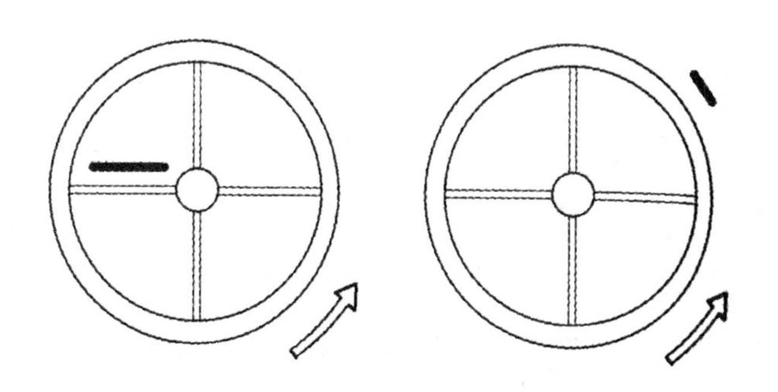

图 3-5　在测量宇宙空间站的圆周时，由于洛伦兹收缩效应，尺子缩短了

如图3-5所示，首先从宇宙空间站的最外侧向中心移动，测量直径。由于这是与旋转运动垂直方向上的操作，因此不受其影响。如果在宇宙空间站静止的时候测量需要用100次尺子的话，那么旋转的时候也是100次。对于在外面观察的你而言，也不会发现什么令人不可思议的地方。

然而，接下来我刚一开始测量宇宙空间站的圆周，就会发生反常的现象。与测量直径的时候相比，你会发现我所使用的尺子变短了。因为根据狭义相对论，运动的物体看上去在其运动的方向上会发生长度收缩。

“如果使用那么短的尺子进行测量的话，是无法准确地与直径进行比较的！”

你或许会这么喊着对我说，不过遗憾的是我听不到你的声音。

好了，我的测量工作结束了。对于你而言，原则上说宇宙空间站的圆周为直径的3.14倍。例如，如果测量直径用了100次尺子，那么用相同长度的尺子测量圆周应该使用314次。然而，对于在外面观察的你而言，由于洛伦兹收缩效应，我所使用的尺子看上去变短了。因为使用了变短的尺子测量相同的长度，所以使用尺子的次数会相应增加。例如假设使用了350次尺子。

因为测量直径使用了100次尺子，测量圆周使用了350次尺子，所以认为尺子没有缩短的我做出的报告为圆周是直径的3.5倍。也就是说，在宇宙空间站上，引力使空间的性质发生了变化，“圆周率不等于3.14”而是“等于3.50”。

刚才讲述“平面国”的时候提到，如果在某一点上放置重物，质量会促使产生缺损角，平面会变扭曲，圆的圆心角会变得小于360度。当然，圆周也会因此变短。也就是说，圆周率变得比3.14还小。

与之相对，这次宇宙空间站的圆周率大于3.14。产生的不是缺损角而是“多余角”，因此图像会整体上扩大。例如，如果圆周率为3.50，那么圆心角的角度将不是360度而是401度。多余角的度数为41度。

让我们尝试制作一个多余角吧。如图3–6所示，首先在纸的中间撕开一道裂缝，然后用事先准备好的扇形纸片插进那道缝隙之中，最后将其粘好。于是，圆心角的角度增大了扇形的角度。这个增大的部分便是多余角。

如果事先在纸上画上直线然后制作多余角，那么我们曾以为是直线的东西看上去会拐向外侧。也就是说，直线抛出的球会拐向外侧。看上去就像存在“离心力”的作用，只不过是空间的扭曲改变了球的

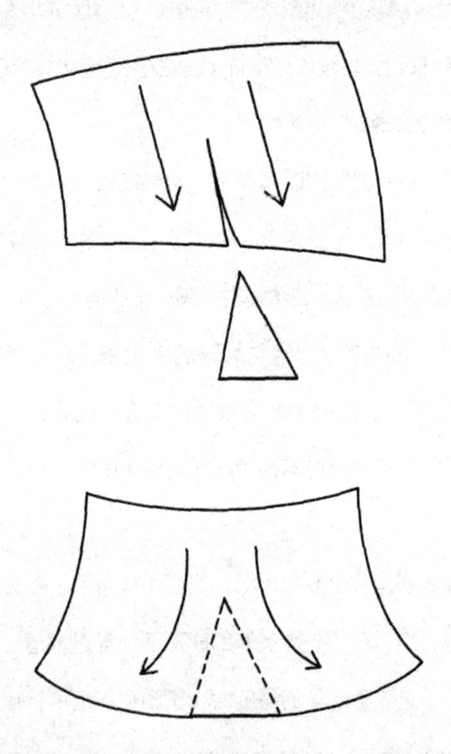

图 3-6　多余角的出现会让直线抛出的球拐向外侧。这要用空间的性质来解释离心力

运动方向罢了。

同样的道理，当我们乘坐的汽车加速时，我们会有推背感，这也是因为加速度（＝引力）使空间变扭曲了。总之，这些现象的作用力都是“幻想”。

在宇宙空间站的这个例子中，向外的人造引力（离心力）引出了多余角。与之相对，如果在某一点放置重物，就会产生向内的力。因为这个力与离心力方向相反，所以空间的扭曲方向应该也是与之相反的。与多余角相反的是缺损角。在谈论平地的时候，之所以在某点放置重物会产生缺损角也是因为这个原因。

我们发现离心力和因质量产生的引力都与空间的扭曲存在密切的关系。

关于宇宙空间站内的时间和空间，除此之外还有其他令人不可思议的性质。例如，由于根据狭义相对论运动的物体看上去时间变慢，旋转中的宇宙空间站的时间也变慢。当加强引力提高旋转速度之后，时间会变得更慢。引力增强时间就会变得更慢，这是引力的基本性质，在后面讲到的 GPS 和黑洞的话题中也发挥着重要的作用。

另外，在宇宙空间站中无法将所有时钟对准。假设我和你站在同一地点，事先对准了我们两个人的表。我作为对表的负责人，沿着圆周以一定的方向走去，依次与站在各个地点的人核对时间，转过一圈后返回你原来所在的地点。当我们再次碰面的时候，钟表的时间不再一致了。

空间的扭曲，时间的变慢，以及对表的困难。这一切都是宇宙空间站上的“人造引力”引起的。爱因斯坦通过类似的观察，得出的结论为引力是时空性质的变化。

9. 数学家希尔伯特与爱因斯坦的激战

只要有物体存在，时间和空间就会发生变化，时空的变化会给物体的运动带来影响。爱因斯坦认为，这就是引力的真面目。但是，用方程式来概括这种变化并非易事。为此需要用到当时最新的几何学知识——“黎曼几何学”。这一几何学是在19世纪后期被开发出来的，它研究的不是单纯的平面上的图形，而是复杂扭曲的空间图形。

爱因斯坦具有敏锐的物理洞察力，因此获得了很多伟大的发现。然而，在此之前用数学整理这些物理发现的任务，全由其他的研究者来帮他完成。不过，唯独这次，单凭他的物理思考是没有尽头的。为了完成引力的理论，真的需要数学的帮助。

“在我年轻的时候，我认为要想成为一名成功的物理学家，只要了解初等数学就可以了。”爱因斯坦曾经对自己的朋友这样说道，“可是，到了晚年我后悔了，这种认识是完全不对的。”

说出来你或许会感到有些意外，虽然物理学和数学都同样属于理科，但是由于它们是两个不同的学术领域，即便现在物理学家也经常需要数学家的帮助。东京大学的 Kavli IPMU 的日语名称也为“カブリ数物連携宇宙研究機構”，这里的“数物”是指数学和物理学。为了阐明宇宙的真理，两者的联合是不可或缺的。

因此，爱因斯坦在他的好朋友马赛尔·格罗斯曼(Marcel Grossmann)的帮助下，掌握了黎曼几何学的入门知识，并在自己的苦心钻研下推导出了方程式，遗憾的是他最初发表的方程式是错的。因为表达“物体的存在让时空发生怎样变化”的方程式与表达“在变化的时空中物体如何运动”的方程式之间存在矛盾。

面对这一问题而束手无策的爱因斯坦曾在德国的哥廷根大学说过那样的话。当时，这所大学被公认为是数学界最重要的根据地，被誉为“当代最伟大的数学家”的大卫·希尔伯特（David Hilbert）也在那里。希尔伯特听说了爱因斯坦的话后，认为“自己可以解开”，便开始挑战这一难题。希尔伯特相当自信，因为他曾说过这样的豪言壮语："在哥廷根，就连路边的小孩都比爱因斯坦更懂几何学。"

从此，他们二人之间展开了激烈的争论。对于已经研究了十年引力理论的爱因斯坦而言，是无法接受在最后关头被别人抢走功劳的。

图 3-7 大卫·希尔伯特（1862—1943）

1915 年 11 月的每个周四，爱因斯坦都要到柏林的普鲁士科学研究所，讲授广义相对论。然而，到了第二次授课，他还没有推导出方程式。在此期间，爱因斯坦收到了希尔伯特的来信，信中说道："我推导出了方程式，会在哥廷根授课，希望你来听课。"爱因斯坦为此懊恼不已，最终拒绝了希尔伯特的邀请。在后来的几天时间内，爱因斯坦集中精力研究，解开了要在下一节讲授的水星轨道之谜，并在第三次授课中发表了这方面的最新研究成果。但是，就在那天，爱因斯坦收到了希尔伯特的论文。打算在下周授课时发表最终方程式的爱因斯坦，赶忙给希尔伯特写信，争取优先权。

在希尔伯特的回信中，他祝贺爱因斯坦成功计算出水星的轨道，并友好地承认了爱因斯坦发现广义相对论的功绩。如果本来没有爱因斯坦那次“最棒的灵感闪现”，就不会产生该理论。因此，我认为希尔伯特的这种态度是理所当然的。

在第一章中，我介绍过引力的第三个不可思议，引力即使分开也能起到作用。爱因斯坦发现，在分开的物体之间传递引力的东西是时空的扭曲，并解释说明了其中的不可思议。在本书的后半部分内容中，会进一步结合量子力学，来介绍传递引力的粒子。

10. 爱因斯坦理论的验证之一——能够解释水星的轨道

虽然爱因斯坦圆满完成了方程式的推导，但是他的工作并未就此结束。理论一旦形成，就需要验证它是否真的能够解释自然现象。

1915 年的秋季，爱因斯坦与希尔伯特的竞争到了白热化阶段。爱因斯坦利用即将完成的方程式计算出了水星的轨道。牛顿的引力理论认为，如果水星的内侧（靠近太阳）不存在另外一颗未知的行星，就无法解释它的运动。

太阳系的行星并非只是受到太阳的引力。各个行星之间也存在强度不可忽视的引力作用。因此，如果不能计算所有的影响，就无法推导出正确的轨道。

在这一点上，牛顿理论收获了一个巨大的成功。该理论在尚未知晓存在海王星的时候，预言了天王星的外侧存在未知的行星。如果存在这颗行星，牛顿理论就是正确的，否则就会因为无法解释天王星的运动而宣告该理论存在破绽。1846 年，人类在理论预测的轨道上发现了海王星。牛顿理论因此大获全胜。

人们认为水星的内侧或许也会有同样的发现。海王星是在发现之后命名的，不过此前已经确定名字为 Vulcan，当时人们对它的出现有些心急。由此也可以看出，牛顿理论得到了人们普遍的信赖。

然而，人们无论怎么努力探寻都没能发现 Vulcan。爱因斯坦的广义相对论就此气宇轩昂地登场了。如果他的方程式可以解释说明水星的轨道，那么即使没有 Vulcan 也没有关系（有 Vulcan 反而会麻烦）。

结果，爱因斯坦获得了胜利。即使没有 Vulcan，广义相对论的方程式也完全适用于水星的运动。也就是说，牛顿的引力理论无法解释水星的运动。牛顿理论能够掌控远离太阳（＝引力弱）的天王星和海王星，而对诸如水星这种受到来自太阳强大引力的“极端情况”却始料未及。

“我在那几天里，忘我狂喜！”

爱因斯坦确认自己的理论可以解释说明水星的运动后，曾说过这样的话。

11. 爱因斯坦理论的验证之二——能够观测引力透镜效应

另外，爱因斯坦理论预言了引力使“光线发生弯曲”的现象。其实牛顿理论本来也包含这样的内容。既然是“万有引力”，那么无论质量多么轻的物质所受到的引力影响都不是零吧。因此，有相关学说称，质量无限接近于零的光也应该会发生细微的弯曲。

但是，爱因斯坦理论是通过时空的扭曲来解释引力的，所以“光线发生弯曲”的理由与牛顿理论存在差异。因此，爱因斯坦预测的弯曲程度恰好是牛顿理论所预测的 2 倍。

1919年英国的亚瑟·艾丁顿（Sir Arthur Stanley Eddington）通过观测日全食的实验验证了这一点。如果光线因引力而发生弯曲的话，那么通过太阳附近的光线看上去应该会偏离原来的位置。由于太阳过于明亮，平常无法观测到来自其他天体的光，不过当出现日全食太阳变暗的时候，就可以看到太阳附近的星体了。如果可以看到该星体的预测位置偏离夜间（也就是光的传播路径上没有太阳的时候）观测的位置，就可以证明太阳的引力使光线发生了弯曲。

观测的结果显示，星体光线的弯曲角度基本与爱因斯坦理论的预言一致。在这方面依然是广义相对论获得了胜利。这一划时代的发现，作为一大新闻传遍了全世界，对于在第一次世界大战中筋疲力尽的欧洲人民而言，它成为了久违的积极话题。德国和英国是战争中的敌对国。然而就在此时，英国人艾丁顿证明了德国人爱因斯坦构筑的理论。这一观测结果不仅对解冻英德两国的僵冷关系具有深远意义，还给全社会带来了强烈的影响。

然而，瑞典皇家科学院诺贝尔奖评审委员会并没有把"解开水星轨道之谜"和"艾丁顿的光线弯曲观测"认定为相对论的验证。1921年爱因斯坦因光量子假说被授予了诺贝尔物理学奖，不过评审委员会在其正式的授奖理由中加上了这么一段话："本次授奖并非基于你的相对论和引力理论，如果将来这些理论得到验证或许也能获奖”。

姑且不论评审委员会的判断，“引力使星体的光线发生弯曲”的现象广泛应用于后来的天文学领域，特别是“暗物质”的研究，这一现象必不可少。因为从几年前开始该领域的研究也登上了新闻媒体，所以有很多人听说过这个词语吧。暗物质是大量存在于宇宙之中的“神秘引力源”。

人们最初预想它的存在发生于20世纪30年代。加州理工学院的天文学家弗里茨·兹威基（Fritz Zwicky）发现，单凭可见天体的引力无法解释由很多星系集结在一起的星系团的运动。因为通过星系团的运动所计算出的质量，要远远大于通过星系团整体的“光”量所计算出的质量。因此只能认为星系团中存在我们看不到的引力源。

兹威基认为，使用光线弯曲的效应应该可以观测到无法看见的引力源。即使无法看见暗物质本身，通过其附近的光也会因强大的引力而发生弯曲。如果存在大量的暗物质，那么其背后的星体或星系的光将会从不同的方向传播到地球吧。

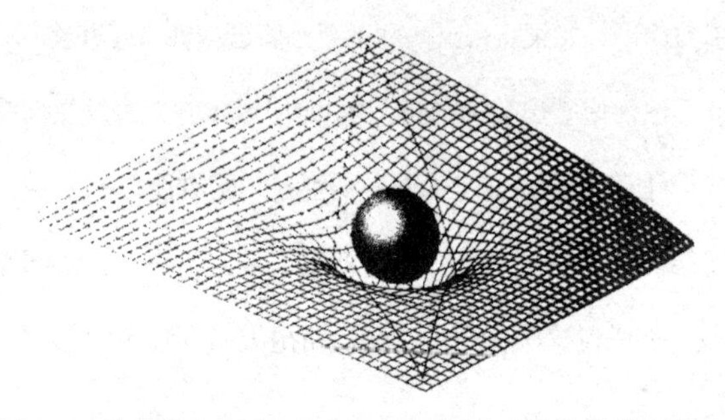

图 3-8　有质量的物质使来自远方的星系之光发生弯曲的样子

这一现象被称为“引力透镜效应”，其实后来我们在宇宙中观测到了很多。而且可以通过各种方法观测到，因此一个星体的光分成多束抵达地球的现象也不再稀奇了。如图 3-8 所示，在引力的作用下，空间发生扭曲，对侧和本侧的两点间会出现很多条“直线”。另外，来自遥远的星体和星系的光看上去如同环形，这叫作“爱因斯坦环”。

另一方面，也有人提出了否定存在暗物质的学说。他们认为，星系的运动与牛顿和爱因斯坦的引力理论不符，这些理论不能在远程的范围内通用。

无论牛顿理论还是爱因斯坦理论，确实在太阳系的范围内得到了精密的验证，但无法直接在超越这个范围的远程空间中对其进行确认。例如牛顿理论认为引力的大小与距离的平方成反比，但并不是无条件地适用于所有情况。在“意料之外”的远程范围内，我们或许要接受修正理论的事实。因此，即使不存在暗物质，也有用新的引力理论解释星系运动的可能。

但是，最近的引力透镜观测发现了很多如果没有未知的引力源（也就是暗物质）就无法解释的现象，在远程范围内修正引力理论的学说形势不妙。引力透镜效应在确认存在暗物质的实验中发挥了重要的作用。

就算真的存在暗物质，其真面目也仍然是未知的。曾经也有认为存在大量不发光的黑暗天体的学说，并将其命名为 MACHO（Massive Astrophysical Compact Halo Object）。但是，引力透镜的观测表明，大部分暗物质似乎都不能用 MACHO 来解释。

还存在另外一种可能，那就是暗物质由与通常原子不同的未知粒子组成。若是如此，宇宙中这种未知的物质是组成星体、星际气体和我们身体等通常物质（原子）的 6 倍。WIMP（Weakly Interacting Massive Particle）是这种基本粒子的有力候选，它以每升的宇宙空间内就平均有一个该粒子的比例存在于宇宙之中。顺便说一句，WIMP 在英语中是“懦夫”的意思，后来提出的 MACHO（＝男子汉）学说好像是有意与 WIMP 形成对比而命名的。WIMP 应该也大量地涌入了地球，不过由于我们看不见它，而且它能毫无障碍地穿过通常的物质，所以捕捉该粒子并非易事。

不过，现在世界各地都做着检测该粒子的尝试。日本也由 Kavli IPMU 和宇宙线研究所共同在神冈矿山的地下建造了暗物质检测装置 XMASS。另外，在 Kavli IPMU 和日本国家天文台共同开发的“suMIRe 项目”中，正在使用引力透镜大范围测定暗物质的分布。

12. 爱因斯坦理论的验证之三——捕捉引力波

除了引力透镜效应之外，爱因斯坦理论还有一个重要的预言，那就是“引力波”的存在。你只要将其视为与麦克斯韦电磁理论所预言的电磁波相似的波就可以了。电磁波是由电场和磁场相互感应而产生的，以光速在空间中传播。爱因斯坦认为，时空的扭曲应该也会产生波，且以光速在空间中传播。

我们虽然尚未直接观测到引力波，但是已经找到了间接的证据。MIT（麻省理工学院）的天体物理学家约瑟夫·胡顿·泰勒（Joseph Hooton Taylor）和他的学生拉塞尔·艾伦·赫尔斯（Russell Alan

Hulse）使用位于波多黎各的全世界最大电磁波望远镜调研双星周期的时候，获得了重大发现。顺便介绍一下，那个望远镜的直径为 300 米。它也曾经在电影《超时空接触》（*Contact*）中出现过，片中的朱迪·福斯特（Jodie Foster）使用它来捕捉地球外生命所发来的信号。双星是指两颗恒星在引力的作用下组合成一对，互相围绕彼此转动的天体。宇宙中存在很多双星，如果作为太阳系中行星的木星能够再稍微大点变成恒星的话，或许能与太阳组合成双星系统。

在双星系统中，其中的一颗恒星以准确的周期释放电磁波，我们称之为“脉冲双星”。泰勒他们通过捕捉脉冲来观测双星的公转周期。不过，为什么周期会逐渐变短呢？我们只能认为这是因为双星慢慢地损失了能量。能量的损失拉近了两颗恒星的距离，因此周期变短了（顺便介绍一下，围绕地球转动的月球会通过引起地球上的潮涨潮落来降低地球的自转速度，从而在其反作用下增加自身的公转能量。因此，与脉冲双星相反，月球会慢慢地远离地球，其公转周期会变长）。

那么，是什么把双星的能量带走了呢？这个“犯人”就是引力波。例如手机通过电子的振动发射出电磁波，与之相同，双星通过环形旋转产生引力场，引力场的振动传播出引力波。因为波的传播需要能量，所以必须从别的地方调取。因此，认为使用的是双星旋转运动的能量是合乎逻辑的。

基于这个假设，计算从双星带走的能量发现，其结果与爱因斯坦预言的引力波的能量基本一致，可以精确到千分之一。这一发现让我们几乎不用再怀疑引力波的存在了。泰勒和赫尔斯也因此荣获诺贝尔奖。

但是，这只不过是间接证据罢了。因此，为了完美印证爱因斯坦的预言，必须捕捉到引力波。另外，因为引力波能够从宇宙带来重要的信息，所以如果能够观测到它的话，宇宙的研究将会取得巨大的进步。

为此目前世界各地都在进行着直接捕捉引力波的实验。例如在美国，加州理工学院与 MIT 共同建造了观测装置 LIGO。日本正在执行在神冈矿山建造 KAGRA 这一装置的计划。这些装置都采用了迈克尔逊－莫雷实验所使用“迈克尔逊干涉仪”的想法。迈克尔逊－莫雷实验通过观察来往于两“臂”的光的干涉，发现光速不会因为方向的改变而发生变化。与之相对应，当引力波抵达的时候，LIGO 和 KAGRA 通过激光的干涉，观测因空间性质的变化而引起的两条干涉臂的长度变化。

此外，欧洲也进行着相关实验，包括意大利的 VIRGO 和德国的

GEO，实验的成败与否则在于精度。引力波非常弱，必须用精度极高的装置对其进行测量。

图 3-9 建于神冈矿山地下的引力波望远镜 KAGRA（完成预想图）

日本的 KAGRA 为了提高精度，将观测装置冷却至绝对温度 20 度（摄氏负 253 度），从而抑制热度引起的干扰因素。这样就能将两条干涉臂的长度比控制在 300 垓分之一的精度（1 垓为 10^{20}）。这相当于用十分之一氢原子的精度来测量太阳与地球间的距离，需要意想不到的高水平技术。例如现在的 GPS 能以几厘米的精度测量高度为 2 万千米的人造卫星与地面的距离。这已经是相当高超的技术了，但是 KAGRA 所追求的精度是 GPS 的 100 兆分之一。

如果这些实验获得成功的话，我们就能够看到用光看不到的宇宙了吧。例如下一章即将讲到的黑洞诞生时所放射出的引力波。3 千米的干涉臂长度对于“用引力波观察”黑洞而言是一个恰到好处的尺寸。

将来也会出现使用人造卫星在宇宙空间观测引力波的计划。日本的 DECIGO 计划便是其中之一。该计划可以实现看到宇宙刚诞生之后的样子。此前天文学领域使用电磁波能够看到的是宇宙诞生 40 万年之后的样子。但是，因为引力波可以贯穿一切，且不会发生一次衰减，所以或许能够看到宇宙诞生 10 亿 × 10 亿 × 10 亿 × 10 亿分之一秒后的样子。如果将其变为现实，关于宇宙形成的理论也肯定会取得巨大的进步。

13. 爱因斯坦理论的验证之四——可靠的汽车导航

最后，让我介绍一个爱因斯坦理论在我们身边也发挥着巨大作用的例子吧。那就是汽车导航或智能手机中的地图都会用到的 GPS。它使用美国空军所运用的大约 30 颗卫星的系统，至少要接收来自其中四颗卫星的信号才能正确地算出时间和位置（前面的内容已经讲过，在

空间三维 + 时间一维的四维时空内，需要纵、横、高度和时间这四个信息来确定位置）。

因此，为了提高 GPS 的精度必须统一“钟表”的时间。为此 GPS 卫星中搭载了三万年才会出现一秒误差的原子时钟。但是，无论多么精准的时钟都无法逃出相对论效应。考虑到这一点，如果不对时钟的时间进行修正，就会与地上的时钟产生时间差。

首先根据狭义相对论，因为人造卫星在运动，所以从地上看时间过得慢。由于与光速相比人造卫星的飞行速度慢而存在一点误差，搭载人造卫星的时钟也会比地上的时钟每天慢 7 微秒。

另一方面，根据广义相对论，引力越强时间过得越慢。第 8 节中已经解释过，宇宙空间站的转速越快，也就是其内部的人造引力越大，时间的变慢程度就越大。相反，从引力强的地方观察引力弱的地方，看上去时间会变快。因此，从地球表面来看，受到地球弱引力的人造卫星上所搭载的时钟走得快。这里的误差为每天快 46 微秒。于是减去狭义相对论效应所产生的人造卫星时间滞后（7 微秒），人造卫星的时钟每天只快 39 微秒。

你或许认为微秒的误差不算什么，如果忽视这个时间差，就彻底无法使用 GPS 了。因为距离的误差 = 时间的误差 × 光速，仅仅 39 微秒的时差就会造成距离上出现 12 千米的误差。如果地图每天都增加这一误差的话，谁也不会相信汽车导航了吧。因为这太危险了，根本无法靠它来开车。因为 GPS 根据狭义相对论和广义相对论修正了这一误差，把人造卫星和地上的时间设定一致了，所以我们可以放心使用。

因此，假设其他天体中存在富有智慧的生命，即使像地球人这样发明了 GPS，在此之前如果没有出现爱因斯坦这种天体构筑相对论的话，无论他们发射多少卫星上天，也可能都将成为无用之物。在开始使用 GPS 的时候，他们应该会惊呼："为什么距离偏了这么多！"我们很幸运，在我们星球发明 GPS 之前诞生了爱因斯坦。

第四章

黑洞和宇宙的诞生——爱因斯坦理论的界限

1. 如果把地球的半径压缩到 9 毫米也会变成黑洞

和牛顿理论无法正确地解释水星的运动一样，爱因斯坦理论也有无法解释的“极限状况”。其中之一便是“黑洞”。我们接下来会介绍有关黑洞的内容。尽管黑洞的存在源自于爱因斯坦理论的预测，但它也表明了该理论已经走到尽头。

不过，黑洞的问题并非爱因斯坦理论完成之后才开始出现。虽然没有将其命名为“黑洞”，但牛顿理论也曾预测过存在连光都无法逃脱的星体。

18 世纪末，英国的约翰·米歇尔（John Michell，他也是测出铅球间引力的卡文迪许扭秤实验的设计者）和法国的皮埃尔 - 西蒙·拉普拉斯（Pierre-Simon Laplace，他在本书后半部分内容讲到“拉普拉斯妖”的话题时还会出现）指出了这一问题。质量越大，引力也就越大。因此，如果存在极其沉重的星体，或许连光都无法逃逸。也就是说，因为光无法逃逸，所以该星体是漆黑的，我们应该看不见它。

首先，我先介绍一下“逃逸速度”。

当从某一星体表面发射火箭的时候，如果速度不够快，就会因败给星体的引力而无法“逃逸”。引力越强，就越需要以更快的速度发射火箭。“逃逸速度”就是指逃脱星球引力所需的最低速度。

逃逸速度取决于该星体的质量和半径。例如地球的逃逸速度为 11 千米每秒。因为换算成时速约为 4 万千米，所以这是一个十分惊人的速度。但是，由于星体的质量越大逃逸速度就越大，假设想要从太阳上逃脱，这个速度就显然不够了。逃脱其表面的逃逸速度为 620 千米每秒。

另外，如果星体的质量相同，半径越小（也就是密度越大）其逃逸速度就越大。因此，如果存在连光速都无法逃脱的星体，那么其密度必然是非常大的。

那么，这究竟是什么样的天体呢?

爱因斯坦刚一完成引力理论，就有人利用该理论的方程式得到了某一计算结果。他就是在哥廷根大学任天文台长的天体物理学家卡尔·史瓦西（Karl Schwarzschild）。

1914年第一次世界大战爆发，史瓦西作为德国军队的炮兵技术军官，随军奔赴俄国战线。尽管条件如此恶劣，他还是阅读了爱因斯坦于1915年11月发表的论文，而且立刻解开了引力的方程，推导出了逃逸速度为光速的天体的半径。因为爱因斯坦没有想到自己的方程式会如此轻易地被解开，所以当他收到来自战场的论文时震惊不已。次年1月爱因斯坦在普鲁士科学院代读了史瓦西的论文。史瓦西在从军途中生病并于五个月后离世，他推导出的这个半径被命名为“史瓦西半径”。

该半径的大小取决于天体的质量。例如地球的史瓦西半径为9毫米。如果维持地球的现有质量不变，将其压缩至骰子大小的尺寸，光就无法从地球表面逃脱了。太阳的史瓦西半径为3千米。我们很难想象其密度之大。

这个半径与100多年前米歇尔和拉普拉斯通过牛顿理论计算出的结果恰好一致。

虽然使用史瓦西的解推导更加严密，但是关于黑洞的大小，牛顿理论与爱因斯坦理论得到了一样的答案。

2. 一旦跨过就无法返回的“视界”

那么，这个史瓦西半径具有什么意义呢？就算存在那样的天体，那里又会发生什么呢？为了了解这一点，请尝试下面的思想实验（图 4-1）。

假设我是一名宇航员，现在去调查宇宙某个角落的黑洞。你是我的上司，命令我在离开地球之后和进入黑洞之前的期间内，必须每天发一次电子邮件给你，报告相关情况。

我按照你的命令，每天向地球发送一封电子邮件给你。在我出发不久后，你也会每天收到电子邮件吧。然而，随着我不断靠近黑洞，我们的联络出现了滞后。当然，性格认真的我并没有偷懒。我明明每天都给你发电子邮件，可是你那里却显示两天一封、一周一封、一个月一封……时间间隔越拉越大，最终变为完全收不到我的电子邮件。

你可以通过前面的内容体会到其中的理由吧？上一章的最后一节已经解释过了，根据广义相对论，引力越强，从外面看到的时间就过得越慢。越是靠近拥有强大引力的黑洞，你所看到的我的时间就过得越慢。虽然我自己认为时间是正常的，且每天给你发送电子邮件，但

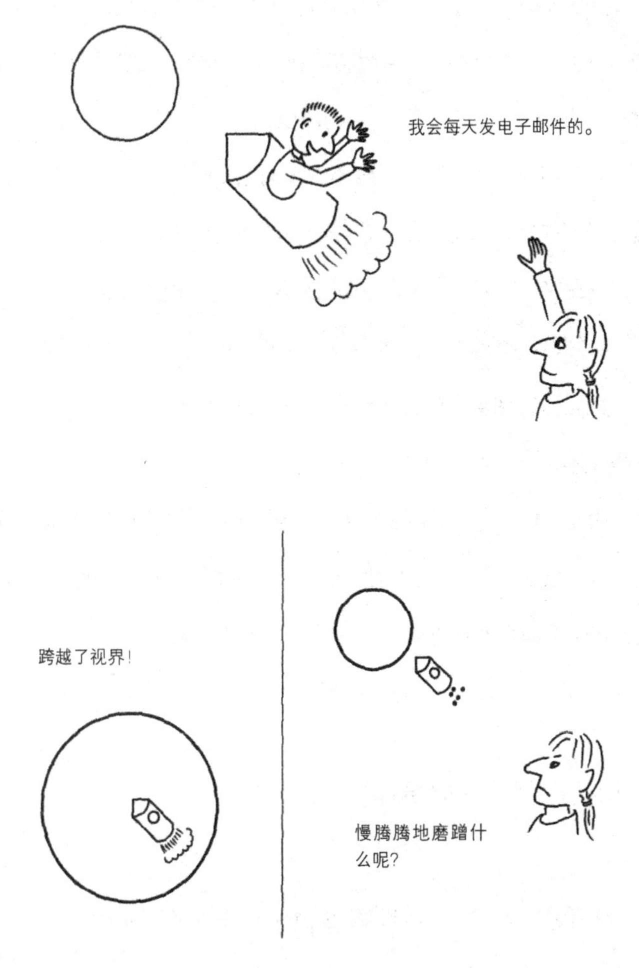

图 4-1　调查视界的思想实验

是你却收不到。如果你用望远镜能够观察到我的话，估计你会因为我动作越来越慢而怒斥我“慢腾腾地磨蹭什么呢?”就如同黑泽明导演的《罗生门》，同样的现象在不同人眼里是完全不同的。

无论如何，我不知道你收不到我的电子邮件，就这样进入了史瓦西半径的内侧。但是，因为连光都无法逃脱那里，所以你无法用望远镜观测到它。你能看到的只是在史瓦西半径跟前几乎不动的我。

当然，当我进入史瓦西半径的内侧之后（因为光＝电磁波无法逃逸）就无法发送电子邮件了。你既看不到我的样子，也无法与我取得联络。我犹如在地平线的对面消失了。

因此，我们把史瓦西半径划分的界线叫作“视界”。我们跨越过地上的地平线之后可以返回，然而一旦我们越过“视界”就绝对回不来了。要想从那里逃脱出来，必须超过光速这一限制速度。

3. 超级黑洞——类星体

史瓦西的解或许可以说是“激进的保守主义”的构想。因为他所思考的是把爱因斯坦的方程式用于最极端的状况时会发生什么。

虽然爱因斯坦自身为他的方程式能得出这样的解而感到欣喜，但是他并不相信现实中存在那样的天体。就连用相对论颠覆了以往常识的天才物理学家也认为黑洞的存在使无稽之谈。

然而，黑洞并非纸上谈兵。如今我们发现了很多黑洞存在于宇宙各处。据说在美国的天文学家中，每当研究预算将被削减的时候，就会有人为新的发现而欢呼道："喂，这儿也有一个巨大的黑洞！"也就是说，黑洞已经变得如此常见。

它们大多数都是寿终正寝的星体发生大爆炸（超新星爆炸）的时候产生的。其质量是太阳的数十倍。例如，第一个被发现的黑洞（天鹅座 X-1）的质量是太阳的十倍。为了判定该天体是黑洞，以小田稔为核心的日本 X 射线天文学团队发挥了巨大的作用。

不过，宇宙中的黑洞并非都是这样，也存在尺寸更大的"超巨大黑洞"。

其中之一便是叫作 quasar 的天体。我们也称之为"类星体"，在我上小学时读的天文学入门书籍中被称为"神秘天体"。虽然它发射出的光的强度可以匹敌星系，但是并不像星系那样辽阔，因为我们只能看见像一颗星星那样的点。当时，人类已经发现了数百个这样的天体。看到那本入门书籍写道"当你长大后，通过好好学习来揭开它的神秘面纱吧"，我记得当时特别激动。

但是，我不知道是幸运还是不幸，在我长大成人之前，那个谜团就被解开了。首先，1963 年加州理工学院的天文学家马丁·施密特（Maarten Schmidt）发现类星体与地球相距 20 亿光年。因为从地球上能够观测到如此遥远的类星体，所以它的亮度不可小觑。后来人们发现类星体的亮度竟然是星系的 100 倍，因此不能认为它是普通的星体。

随后的研究发现，类星体是位于星系中心的超巨大黑洞。虽然吞噬光芒的黑洞发光令人不可思议，但是那并不是黑洞自身的亮度。黑洞以强大的引力吸引周围的气体，并以剧烈的气势在周围旋转。这些气体因摩擦而放射出耀眼的光芒，可以说是被吸入黑洞前的"惨叫"吧。

我们现在认为，很多星系的中心都有超巨大黑洞。我们所在的银河系也不例外，这十年间我们已经发现其中心存在质量为太阳 400 万倍的黑洞。

不过，即便如此这个规模与类星体相比仍不算大。如果银河系的中心存在类星体，它的光就会覆盖一切，我们也就看不到夜空中的"银河"了吧。普遍认为类星体的质量是太阳的 1 亿倍至 100 亿倍。

超级黑洞对于星系的进化具有重要的作用。也就是说，它是宇宙历史中不可缺少的一部分。例如，日本也参与建设的 30 米望远镜

（TMT）就是用来观测最初诞生于宇宙的星体和星系。我们也希望通过该项研究，弄清超级黑洞的产生过程。

图 4-2 口径为 30 米的超大型望远镜 TMT（建成预想图）

4. 暴露爱因斯坦理论破绽的“奇点”

我们已经了解到现实中存在由爱因斯坦的方程所预言的黑洞。那么，为什么黑洞暴露出了爱因斯坦理论的极限呢？

为了思考这一问题，让我们重新回到刚才的思想实验上来。越过视界进入黑洞的我接下来会怎样呢?

正如上一章的内容所述，被大小有限的引力所吸引的物体存在潮汐力的作用。其纵向会被拉伸，横向会被挤压。当月球的引力作用于整个地球的时候，最多能够产生10米左右的潮水涨落，可是对于人类大小的物体却没有什么影响。

但是，黑洞的引力要远远强于月球的引力，因此像我这样的个头也会感觉到潮汐力。因为自己的身体会剧烈地在纵向被拉伸、在横向被挤压，（即便肉体能够忍受）我会感到相当不舒服吧。

不过，（且不说我的不快指数）爱因斯坦理论是能够解释这一现象的。但是，该理论并不知道我最终会变成什么样。根据史瓦西的解，我所感受到的潮汐力会越来越大，会在有限的时间内变得无穷大。

在数学领域，计算中出现“无穷大”并不稀奇。但是，当物理学中出现无穷大的时候，我们就束手无策了。理论上无法解释无限地拉伸和挤压。正如牛顿理论在“光速”的极限条件下出现破绽一样，当潮汐力变成无穷大的时候，爱因斯坦的理论就出现了破绽。

在有限的时间内潮汐力变成无穷大的这个点叫作时空的“奇点”。要想解释在这个点上发生的现象，必须考虑超越爱因斯坦理论的新理论。黑洞的研究不仅对于研究宇宙的历史至关重要，对于引力理论的进步也是极为重要的。

进一步讲，“奇点”的问题并不只是源于黑洞。其实当我们思考宇宙的“起源”时也会碰到同样的问题。接下来，让我们想一想这些问题吧。

5. 哈勃的发现阐明了宇宙的膨胀

关于这些问题的思考，从天文学家爱德温·哈勃的发现就开始了。我们知道“哈勃空间望远镜”是以他的名字命名的，哈勃在天文学领域贡献了很多伟大的业绩。

图 4-3 爱德温·哈勃（1889—1953）

我在加州理工学院的办公室里可以看到威尔逊山顶的天文台。从1922年到1923年，哈勃在那个天文台上获得了重大发现，此前原本以为位于银河系内部的仙女座星云，其实位于银河系外部的其他星系之中。因此，过去的“星云”现在叫作“仙女座星系”。在哈勃的这一发现之前，人们认为宇宙就是银河系。从弄清银河系之外也有广阔的宇宙空间这一点上讲，这确实是一个划时代的发现。

不过，六年后哈勃在此天文台上获得了更加伟大的发现。他发现星系越远，其远离地球的速度就越快。这一退行速度与距离成正比，人们将其命名为“哈勃定律”。

顺便介绍一下，哈勃只是发表了自己发现的事实，在其论文中并未阐明这个发现的意义。只是提到星系以与距离成正比的速度远去。

那么，哈勃的发现究竟意味着什么呢？乍一看它给我们的印象似乎是地球处于宇宙的中心，其他的星系正在远离地球。然而，地球位于宇宙中心的说法是显然不妥的。16世纪哥白尼已经将地球从宇宙的中心降格至围绕太阳旋转的行星之一。这就是所谓的“哥白尼式转变”。从那以后，天文学以宇宙中没有任何一点是特殊的观点作为基准，并称之为“哥白尼原理”。如果我们坚信这一原理，那么无论从宇宙的任何位置进行观测，“哈勃定律”应该都是同样成立的。我们到底需要怎样做，才能做到无论从哪里观察，其他星系都是远离自己的呢?

我们将三维空间的宇宙简化成如图 4-4 那样一维的橡皮带，问题就一目了然了。如果你手头有橡皮带，请在上面画上等间隔的点。这些点代表星体和星系。只要径直拉伸这条橡皮带，点与点之间的间隔就会增大吧? 其中并不存在“中心”，无论从哪个点进行观察，其他的点都是远离自己的。另外，当拉长自己与旁边的点之间的间隔时，与“旁边的旁边”的点的距离会被拉长两倍，与“旁边的旁边的旁边”的点的距离会被拉长三倍。因为拉伸所消耗的时间相同，所以这个现象符合哈勃定律，即退行速度与距离成正比。

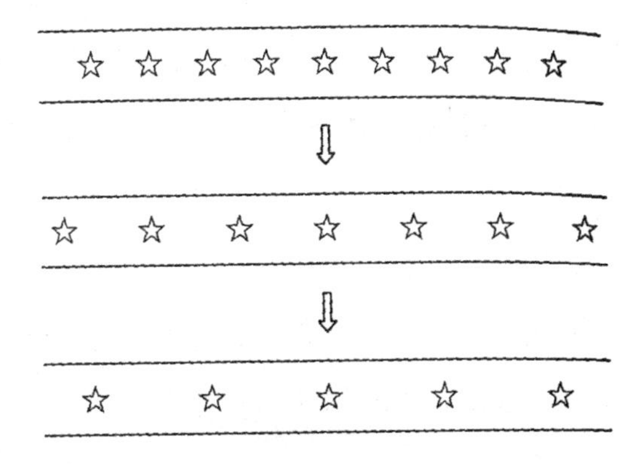

图 4-4　如果均衡地拉伸 1 维的橡皮带，越远的点其退行速度就越快。同样，如果宇宙按照同一规律膨胀，那么远方星系的退行速度就会与距离成正比

哈勃的发现意味着三维的宇宙中也发生着同样的现象。也就是说，宇宙正在膨胀。正因为哈勃阐明了这一点，所以哈勃的发现在天文学历史上也是值得大书特书的伟业。

不过，如果星系的退行速度与距离成正比，那么我们可以考虑一件有趣的事。如果距离越远退行速度越快，那么从某一位置开始，远方的星系远离地球的速度将会超过光速吧。你或许认为这有悖于光速是宇宙极限速度的爱因斯坦理论，不过因为那个理论是关于在宇宙中移动速度的，所以并不能禁止宇宙自身以超光速进行膨胀。

那么，我们可以在地球上观测到以超光速远离地球的星系吗？答案是 NO。宇宙只要持续膨胀，光就无法传播到地球。实际上，根据最新的观测结果，宇宙的膨胀并未停止，反而以每隔 100 亿年两点间距离就翻倍的趋势加速膨胀。如果这种状态持续下去的话，我们将逐渐观测不到远方的星系了吧。

而且，这与黑洞的“视界”极为相似。由于光无法到达那里，所以我们看不到较之更远的现象。如果我去“宇宙的地平线”（Cosmic Horizon）的对面做调查，你将无法与我取得联络。

6. 加速宇宙膨胀的“暗能量”是什么？

虽然哈勃的发现阐明了宇宙的膨胀，但是在此之前就有人指出了理论上的可能性。与黑洞相同，其根据也是爱因斯坦的方程式。俄国的亚历山大·弗里德曼和比利时的乔治·勒梅特等科学家发表相关论文称，在某一前提条件下进行计算可以得出宇宙膨胀的解。

其实爱因斯坦本人也是知道这点的。他在完成自己的方程式一年后尝试将其应用于宇宙论，结果只发现了宇宙要么膨胀要么收缩的解。但是，由于爱因斯坦对宇宙的永恒不变坚信不疑，因此他没有接受这个解。

于是他变更了自己的方程式，添加了一个新的项——“宇宙常数”。该项会给引力带来斥力，它的作用是支撑不断收缩下去的宇宙。只不过需要提前调节好宇宙常数的大小。这个常数一旦小一点，宇宙就会收缩挤破，相反大一点，宇宙就会加速膨胀。只要不将其调节得恰到好处，宇宙就不会保持恒定不变。爱因斯坦肯定认为即使加这个宇宙常数也比宇宙大小发生变化更好吧。可见，“恒定不变”的信念如此强烈。

但是，现实的观测结果无法让其坚守这一信念。1931 年 1 月，爱因斯坦访问了威尔逊山顶的天文台，实地检查哈勃的数据后，发表了承认宇宙正在膨胀的观点。

图 4-5　爱因斯坦在威尔逊山顶的天文台确认宇宙的膨胀，旁边的人是哈勃

顺便介绍一下，爱因斯坦把在自己的方程式中添加宇宙常数的事情称为“一生中最大的错误”。不过，这或许是人为编造的故事。加州理工学院整理了爱因斯坦的论文、书信和笔记等资料，并出版了爱因斯坦研究的第一手资料 *Einstein Papers Project*（爱因斯坦论文项目），不过当我向本书负责人询问此事的时候，他说：“这可能是乔治·伽莫夫（George Gamow）编出来的吧。”据说，显示爱因斯坦说过此话

的记录只存在于伽莫夫的自传中（我会在后面介绍这位名为伽莫夫的人物）。

这个宇宙常数后来走向了不幸的命运。

你或许会认为当时爱因斯坦在1931年导入宇宙常数过于轻率吧？如果爱因斯坦不变更方程式，以自己方程式的预言来发表宇宙膨胀的想法，那么哈勃的观测就会成为其观点的验证。

但是，一知道可以变更方程式，就已经无法忽略宇宙常数了。在十几年前，很多研究者坚信爱因斯坦最初写下的引力方程式是正确的，并不存在宇宙常数。可是，如果不存在的话，就需要解释其不存在的理由。理论物理学家为了解释这一点绞尽了脑汁。

不过，最近宇宙常数再次引来了人们的瞩目。如上所述，因为我们已经知道宇宙正在加速膨胀。索尔·佩尔穆特（Saul Perlmutter）、布莱恩·施密特（Brian Schmidt）和亚当·里斯（Adam Riess）的研究阐明了宇宙加速膨胀的事实，他们也因而获得了2011年的诺贝尔物理学奖。他们通过观测远在60亿光年的超新星发现了这个事实。

这确实是应该令人感到震惊的事实。因为在此之前，我们认为宇宙中大多数物质的引力作用减缓着宇宙的膨胀速度。就如同向空中抛出一个球一样，球会逐渐减速并落下。首先我们无法想象被抛出的球会在中途向上加速。如果发生了这样的事，除非是在中途给球添加了新的运动能量吧。

然而，宇宙却发生着如此令人不可思议的事情。某种能量的添加使宇宙加速膨胀。我们还未揭开真相，不过在宇宙论的领域将其命名为“暗能量”，它与暗物质一样都是一个巨大的谜团。

另外，爱因斯坦的宇宙常数正是解释暗能量的有力证据。爱因斯坦认为，宇宙常数的值被调节得恰到好处，宇宙既不膨胀又不收缩。如果该值出现偏差，就会成为宇宙加速膨胀的原因。正所谓塞翁失马焉知非福，或许应该说真不愧是天才爱因斯坦。

7. 137 亿年前宇宙呈火球状态时的“余烬”

但是，宇宙正在膨胀的事实对于爱因斯坦理论而言是严酷的。不过，如果宇宙正在面向未来膨胀，那么它也会回溯过去不断收缩。而且就像我去黑洞的中心时一样，潮汐力会不断变大。如果追究到底，宇宙的开始便是潮汐力变成无穷大的“奇点”。与黑洞的奇点一样，也不能用爱因斯坦理论来解释宇宙的膨胀。对于距现在 137 亿多年前的过去而言，或许爱因斯坦理论存在破绽吧。

20 世纪 40 年代，主张这一说法的是（可能）曾捏造爱因斯坦“错误感言”的乔治·伽莫夫。他提出了著名的“热大爆炸宇宙模型”。

伽莫夫的研究团队认为，最初的宇宙就像一个具有超高温的“火球”。由于现在的宇宙中存在很多物质，只要将其压缩至极限就会变成超高密度的状态，温度也会随之升高。宇宙从那样的状态开始膨胀，变成了现在的大小——这就是伽莫夫的研究团队提出的观点。

其实，最初将其叫作“大爆炸”的是与伽莫夫他们处于对立立场的科学家。英国的天文学家弗雷德·霍伊尔（Sir Fred Hoyle）的研究团队主张与伽莫夫他们相对的“稳恒态宇宙论”。正如该理论的名称所述，他们认为宇宙的基本构造不会因时间的变化而改变。当然，哈勃的发现也让霍伊尔无法否认宇宙的膨胀。但是，他认为随着宇宙的膨胀，空间内的物质会因某种理由而增多，因此整体的密度不变，现在的温度也是与过去相同的。所以霍伊尔似乎有些要嘲笑竞争对手伽莫夫他们的意思，将其称作“大爆炸理论”。

第二次世界大战之后的 1948 年，以伽莫夫为核心的大爆炸流派预测现在的宇宙中也残留着宇宙超高温时代的痕迹。大爆炸时的光与空间的膨胀一起被拉伸至整个宇宙，也来到了现在的地球。只不过，大爆炸的“余烬”因宇宙的膨胀而被拉长了波长，因此它并不是可见光。根据伽莫夫助手的计算，它应该是比红外线的波长还长的“微波”。我们一般提到微波，就会想到微波炉。与微波炉相比，伽莫夫他们预言的微波要微弱许多，他们认为这种电磁波充满整个宇宙。

10年后的1964年，美国贝尔电话实验室的研究员阿诺·彭齐亚斯（Arno Penzias）和罗伯特·威尔逊（Robert Wilson，与本书开头出现的费米国家加速器实验室的主任不是一个人）使用为接收通信卫星电波信号而设置的天线，观测到了来自银河系的电波的强度。但是，令他们二人感到奇怪的是接收到的信号混杂着奇妙的杂音。他们为了降低杂音，排查所有可能因素。他们发现天线设备中有鸽子筑巢，于是认为“这就是产生杂音的原因！”可是，清理了鸟粪以后，仍然有杂音。

无计可施的他们拨通了普林斯顿大学的天文学家罗伯特·迪克（Robert Henry Dicke）的电话：“你好，我们发现存在只能认为是来自所有方向的微波。”据说接到电话的迪克面对共同研究者这样说道：“好像被你们抢先了。”

他们当时为了观测伽莫夫团队预言的大爆炸“余烬”而设置了天线。但是，彭齐亚斯和威尔逊在阅读《纽约时报》关于他们的报道前，并不知道自己发现微波的意义。此后，他们因这次偶然的发现而获得了诺贝尔奖。

8. 强烈反对大爆炸理论的科学家们

这一发现确认了宇宙过去是个炙热的火球。但是，因为连爱因斯坦都坚信“宇宙是恒定不变的”，即便过去的宇宙很小，这个理论也还是无法让人马上相信。

就算是大爆炸已成定论的现在，也有很多人一思考这个问题就无法入眠吧。恐怕任何人首先都会产生这样的疑问：

如果宇宙从很小的“火球”开始持续膨胀，那么它的“表面”会怎么变化呢?

说起大爆炸，我们或许会联想到从空间中的一点向外扩撒爆炸物的样子。那么，爆炸物还未到达的地方如何变化就成了一个问题。但是，宇宙的大爆炸是空间自身的膨胀。因为空间的膨胀是指“两点间距离的扩大”，空间的“表面”并不是必须的。即使不向箱子的外侧扩张，只要改变箱子内部的比例尺，两点间的距离也会伸缩。

我们还不清楚整个宇宙的构造，即使假设它是“无边无际”的空间，其中两点间的距离也是可以扩大的。

例如，想象一下你的眼前有一条从左至右无限延伸的橡皮带。由于无限延伸，因此没有两头的端点。即便如此，只要拉伸橡皮带，两点间的距离就会扩大，只要收缩，两点间的距离就会减小。也就是说，在无限的空间内也可以膨胀或收缩。如果现在的宇宙是无限的话，那么大爆炸瞬间的“小火球”也是无限的。只要认为那时两点间的距离被压缩到了极限——高密度——就可以了。

但是，“大爆炸是否真的存在”这一问题已经跨越了科学的框架，成为了社会性的争论。例如，在彭齐亚斯和威尔逊发现宇宙微波之前的 1951 年，罗马教皇的庇护十二世就曾宣称大爆炸理论“利用现代自然科学证明了神的存在”。因为该人也认可达尔文的进化论，所以在历代的罗马教皇中也算是先进的代表吧。在找到证据之前就对其做出认可确实有些操之过急，不过他或许感觉大爆炸与《旧约圣经》的创世纪有些相似。

与之相反，强烈反对大爆炸理论的是当时的苏联。这或许也因为他们排斥罗马教皇认可的事物。令人吃惊的是，在当时的苏联，支持大爆炸理论的天体物理学家被强制押送到了集中营。此事的发生，不得不让人意识到在人们对于抽象想法的热情中存在可怕的一面。

不知是否因为这样的背景，苏联出现了否定初期宇宙具有“奇点”的学说。欧格尼·利弗席兹和伊萨克·哈拉尼科夫这两位物理学家认为，空头理论与现实的宇宙是不同的。

他们一致认为，根据由爱因斯坦方程式预想宇宙膨胀的弗里德曼和勒梅特的理论，之所以看上去是初期宇宙产生奇点，是因为这是在假设宇宙是“一样”且“等方”的空间这一前提下计算出来的。

但是对于现实的宇宙空间，无论哪里都是均质（一样）、观察任何方向都相同（等方）的想法是牵强的。因为在宇宙空间中，既有聚集质量的星体和星系，也有基本上不存在物质的领域，所以不可能是完全一样且等方的。

不过，利用爱因斯坦方程式严密地推导出适用于所有物质的解并非易事。但是，他们通过近似值计算，认为初期宇宙产生奇点只不过是基于特定的假设条件下的特殊解而已。当物质零散分布即“并非均质的宇宙”收缩的时候，其方向上会出现偏差，整体无法汇集于一点，因此可以避开奇点。

我们认为利弗席兹和哈拉尼科夫主张这一学说并不是为了免于被

强制押送至集中营。他们是伟大的物理学家，我在上学的时候也学习过利弗席兹撰写的教材。不过，他们的主张确实迎合了苏联政府的想法。

另外，他们以同样的理由也对黑洞存在奇点的说法提出了异议。史瓦西由爱因斯坦方程式推导出的解是假定物体完全球对称而计算出的结果，因此那也只不过是特殊的答案罢了。正如宇宙并非均质一样，星体也并非完美的球体。像天鹅座 X-1 那样的黑洞是由衰老的恒星无法承受自身引力导致坍缩而产生的。利弗席兹和哈拉尼科夫认为，形状不规则的星体在发生“引力坍缩”的时候能够避开奇点，因此潮汐力不会变成无穷大。所以，他们认为爱因斯坦理论的准确性无懈可击。

9. 霍金初出茅庐，证明了爱因斯坦理论的破绽

我们直觉上比较容易接受利弗席兹和哈拉尼科夫的反驳吧？因为理论与现实之间确实存在差距，我也感觉在随机产生的自然界中，的确不会产生给人数学印象的奇点。如果真是如此，那么既然爱因斯坦理论可以解释黑洞和大爆炸，我们也就没有必要再思考超越它的新理论了。

但是，对于这个反驳，后来又出现了新的反驳。首先便是英国的天才数学物理学家罗杰·彭罗斯（Roger Penrose）。他引入了叫作拓扑学这门现代数学领域中的新方法，专心致力于爱因斯坦方程式的研究。

本来解爱因斯坦方程式就很难，人们知道的严密的解屈指可数。而例如用纸和笔无法计算出需要观测的引力波，还需要使用超级计算机进行模拟。彭罗斯虽然没有直接解开爱因斯坦的方程式，但是他编出了解的普遍性质的方法。

图 4-6　罗杰·彭罗斯（1931—　）

由于其具体过程涉及深奥的高等数学，在此就不做过多介绍了。结论就是，无论形状多么不规则的星体，只要变成黑洞就无法避开奇点。与原来的形状无关，只要从具备质量的地方集中于狭小的领域，引力坍缩就不会返回。因此，他在有限的时间内证明了奇点的产生。

那么，初期宇宙情况如何呢？

几乎无人不知无人不晓的人物与彭罗斯联合了起来，他就是斯蒂芬·霍金。无论是作为轮椅上的物理学家，还是作为以《时间简史》为主的多本畅销名著的作者，我们都知道这位著名的科学家。

图 4-7　斯蒂芬·霍金（1942—　）

当彭罗斯的理论被公布的时候，霍金还是一名研究生，当时他的肌萎缩侧索硬化（ALS）刚发病不久。霍金在最近的演讲中这样说道："虽然自己健康的时候没有认真学习，但是自从得了病以后，或许知道自己命不久矣而醒悟了。活着就是有价值的，自己还有很多想要完成的事情。"

霍金与彭罗斯的理论不期而遇。当时霍金已经结婚成家，他不得不在自己的研究领域建功立业，于是他想到彭罗斯的方法或许也可以应用于初期宇宙的问题。

几年之后，彭罗斯和霍金发表了他们合著的论文。如果以被观测到的物质量和哈勃定律为前提，使用爱因斯坦方程式追溯到宇宙的过去，那么初期宇宙必然会产生奇点。利弗席兹和哈拉尼科夫的近似值计算是不正确的。即使不像弗里德曼他们那样假设宇宙是“一样且等方”的，也无法避开奇点。爱因斯坦理论肯定存在破绽。

这可以说是霍金的“首秀”。或许可以说，他的科学生涯是从证明爱因斯坦理论并非完美理论开始的。当然，他接下来必须超越爱因斯坦。事实已经表明，为了理解宇宙的诞生和黑洞，需要开创超越爱因斯坦的引力理论。

第五章

猫是活着还是死了——量子力学

1. 应该以“光的真面目是波”的结论而完结

在此之前，本书以爱因斯坦的相对论为中心，介绍了引力理论的变迁。爱因斯坦利用狭义相对论解决了牛顿力学与麦克斯韦电磁学的矛盾，利用广义相对论阐明了牛顿理论无法解释的引力现象。但是，在黑洞和初期宇宙奇点这些极限状况下，爱因斯坦理论同样也不再适用。因此，现在提出了超越爱因斯坦理论的新兴引力理论。

本书的后半部分将会着重介绍这一新理论，在解释该理论之前，我们需要先了解另外一个理论。这个理论与相对论共同撑起了 20 世纪以后的现代物理学的一片天。

该理论便是“量子力学”。简而言之，相对主宰宏观世界的相对论，量子力学是主宰微观世界的物理学。宇宙诞生之初，由于空间被挤压到极限状态，不仅仅需要引力理论，同时还需要微观世界的理论。为了解开宇宙诞生之谜，我们必须跨过爱因斯坦理论的界限，统一相对论和量子力学这两个理论。我们期待着作为自然界一切现象基础的终极统一理论的出现。

那么，让我们赶快进入量子力学的世界吧。在这里我想和相对论一样，先从围绕“光”的谜题开始讲起。

我们早已习惯了光的存在，然而在很长的一段时期里光的真相并不明朗。我们虽然知道光是用肉眼捕捉可见的，但并不清楚它是“粒子”还是“波”，很久以前人们就对这个问题展开了激烈的讨论。

例如，牛顿认为光是由微小的“粒子”组成的。但是，同期的荷兰物理学家惠更斯提出了光是“波”的主张，在此之后的数世纪内“波”的流派更胜一筹。

直到 19 世纪初，出现了为这一争论做个了结的实验。那就是英国的物理学家托马斯 · 杨的“双缝实验”（图 5-1）。

杨让一个光源发出的光通过两道狭缝，观察映到对面感光纸上的情况。如果光是“粒子”的话，那么出现感光的地方应该只有连接光源与狭缝的直线延长线上两处。

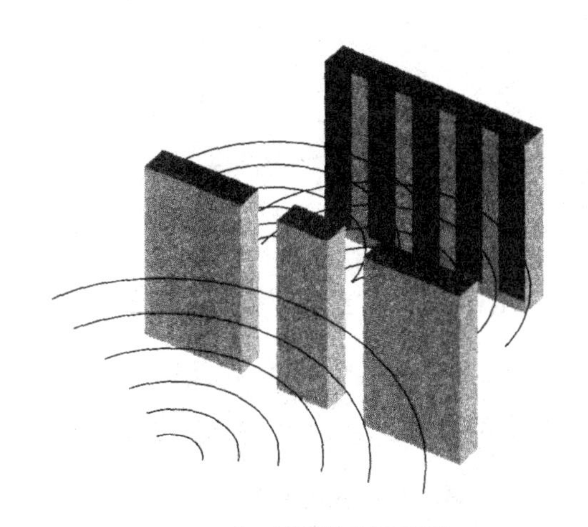

图 5–1　证明光是波的杨氏实验

然而，通过实验发现感光纸上出现了大面积的“干涉条纹”。这是“波”所特有的现象。例如水面上的两处波碰到一起就会产生干涉现象。高的地方相遇会叠加增幅，低的地方相遇会互相吞噬，从而产生了条纹。在第二章中讲到的“迈克尔逊－莫雷实验”中，光的干涉效果也是非常重要的。

这一实验确定了光是“波”。数十年之后，麦克斯韦的电磁理论进一步说明光是一种“电磁波”。这似乎让我们安心地认为在迎来 20 世纪之前，光的真相已经完全暴露在了我们面前。

2.“光是波”的结论所无法解释的光电效应

然而，刚一进入 20 世纪，就出现了推翻这一结论的人物。这个人还是爱因斯坦。在第三章中，我们也曾提到过，爱因斯坦在堪称“奇迹之年”的 1905 年发表了重要的论文，他在论文中阐明了光具有“粒子”的性质。这就是著名的“光量子假说”。

这篇论文解开了令当时物理学家们疑惑不解的难题。如图 5-2 所示，这个难题的解释为“金属表面在光照射的作用下发射电子”。最初通过实验发现“光电效应”现象的是验证电磁波传播的赫兹。

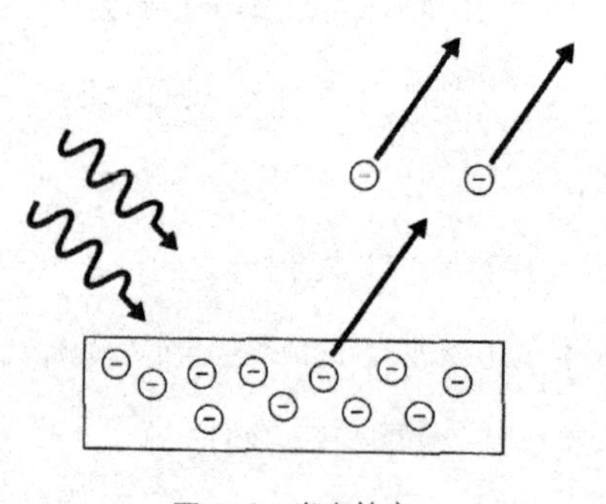

图 5-2　光电效应

金属之所以能够导电，是因为其中还有大量的电子。导电正是电子流动的体现。当遇到光的照射，金属内部的电子会被弹飞。但是，菲利普·莱纳德仔细调查该现象后发现，发生了认为光是“波”的麦克斯韦理论无法解释的现象。

那么，为什么光是波就无法解释光电效应了呢？

首先，波具有“波长”和“强度”这两个性质。例如可视光的颜色是由波长决定的，不过即使颜色相同也分“强红”和“弱红”。如果波长相同，那么强光所具有的能量就高。

之所以金属中的电子不会轻易溢出，是因为它们被金属中的原子核所带的正电荷吸引着。如果不施加相应的能量来克服这一吸引力，电子就不会飞出。那么，如果用强光照射金属，其电子似乎会飞出。然而，莱纳德的实验结果并非如此。当使用波长长的光时，无论如何增加光的强度，电子都不会飞出。相反，不管多么弱的光，只要波长短，就会偶尔蹦出少量的电子。保持此时光的波长，即使改变光的强度，每个电子的能量也是完全一样的，只会让飞出的电子数量有所增减。

看到这样的实验结果，我们只能认为每个电子接收到的能量并非由光的强度决定，而是只取决于波长。这到底是怎么回事呢？

3. 爱因斯坦的“光量子假说”认为“光是粒子”

爱因斯坦是如何解释这一现象的呢？在这里我想用下面的比喻来解释说明。

电子被封闭在金属之中。那么，请把实验中使用的金属想象成拘留所，将其中的电子视为嫌疑犯。嫌疑犯要想离开拘留所，需要100日元的保释金。但是，嫌疑犯不能攒钱。如果从外面获得资金，不能马上交过来的话也无法获得保释。因此，只要有一枚100日元的硬币就能马上获得保释，不过攒齐100枚1日元的硬币是不能获得保释的。这里的保释金就是电子从金属飞出所需要的能量。

假设有人向拘留所里投掷硬币。如果投入的是1日元的硬币，当然任何人都不会获得保释。即使大量投入1日元的硬币，同样无济于事。因为当捡起第二枚硬币的时候，最初捡起的那一枚硬币已经是“攒”下的钱了，所以即使捡了100枚1日元的硬币也无法获得保释。

但是，如果有人大量投入面值为100日元的硬币，嫌疑犯就能够获得保释。不过，因为捡起的100日元都是用作保释金的，所以嫌疑犯从拘留所出来后就不得不走回家了。只有这是需要花一些时间的（出来的速度慢）。

那么，如果投入的硬币面值为500日元又会如何呢？捡到它的人支付保释金后还剩400日元，因此他可以坐公交回家了。如果投入的是1000日元纸币，由于会剩下900日元，嫌疑犯就可以坐出租车回家了。

爱因斯坦认为，如同钱有1日元、10日元、100日元、500日元等单位一样，光也是有单位的。假设光由粒子组成，每个粒子的能量与其波长成反比。波长短的光，粒子的能量高，被该粒子照射的电子可以从金属表面飞出。相反，如果波长长能量就会低，无论用多少粒子去照射金属，其电子应该都不会飞出。

另一方面，如果保持波长不变，改变光的强度，光的粒子数量就会发生变化，但是每个粒子的能量都是一样的。因此，莱纳德的实验可以说明飞出的每个电子所带能量也是相同的，只是数量有所增减。这就是爱因斯坦的“光量子假说”，他把光的粒子叫作“光子”。

4. 具有放射线危害的装置也能说明“光是粒子”

其实在爱因斯坦发表这篇论文的五年前，就已经有科学家通过其他理由认为光是由微小粒了组成的。德国的物理学家马克斯·普朗克为了说明熔炉中被加热的铁的颜色，设想光的能量不发生连续性的变化，而是维持“跳跃的值”。爱因斯坦的光量子假说以绝对的说服力印证了普朗克的学说。由于这一发现，普朗克和爱因斯坦分别于 1918 年和 1921 年荣获诺贝尔物理学奖。

光是粒子——从这一应该令人震惊的发现开始，量子力学拉开了序幕。你只要将“量子”认为是“微小的粒子”就可以了。因为光是由粒子组成的，所以从宏观上看是连续变化的能量，从微观上看却是“跳跃的值”。

接下来将会介绍量子力学这个令人不可思议的领域，不过它的效果与我们的日常生活并非毫无联系。例如，到了夏天很多人会注意紫外线的防护吧。因为紫外线是晒黑的原因。但是，你并没有听过“红外线的防护”。无论怎么受红外线照射，都不会晒黑是理所当然的吧。

要说为什么紫外线是晒黑的原因，那是因为它的波长短（也就是说能量高）。人类皮肤中的黑色素会与比某一波长短的波发生反应而导致皮肤变黑。因为红外线的波长比这个临界值长（能量低），所以无论怎么受红外线照射，黑色素都不会发生反应。但是，由于紫外线具有超越临界值的能量，因此受紫外线照射越久皮肤就会变得越黑。

因此当我们受到比紫外线波长还短的电磁波照射时，身体所受到的损害就不是晒黑这么简单了。过多拍摄 X 光照片会增加患癌症风险的原因也在于此。因为拍摄 X 光照片所使用的 X 射线的波长比紫外线的还短，它的超强能量可能会割断 DNA 的分子结构。反过来讲，之所以不论怎么受可视光的照射都不会患癌，是因为它的能量低。在光粒子会被身体接收这点上，可视光和 X 射线并无不同。

与 X 射线相比波长更短的是源于放射性物质的伽马射线。X 射线所具有的能量是 DNA 组织的 1 万倍，而伽马射线的能量比 X 射线要多一位数。因此，伽马射线伤害 DNA 的可能性要比 X 射线更高。

福岛核事故发生以后，日本国内提高了对放射线危害的关注度。本来核发电的技术源自 $E = mc^2$ 这个狭义相对论的发现，而具有放射线危害的装置也与爱因斯坦关于“光是粒子”的发现息息相关。

5. 所有粒子既是“粒子”又是“波”

对于此前的解释，我想有很多人是一知半解的。19 世纪的杨氏实验应该确定了光的真相为“波”。然而，普朗克和爱因斯坦发现光具有“粒子”的性质。而且，这种粒子还具有“波长”的属性。到底哪个说法是正确的呢？我非常理解大家想要弄清楚这一问题的急切心情。

但是，世上也存在任何一方都无法确定的事物。例如，想必大家都知道“鲁宾壶”这幅画吧，请参照图 5-3。如果我们被告知“这是一幅壶的画”，那么看起来这幅画画的就是壶。但是在我们聚精会神观察这幅画的过程中，发现原本以为是黑色背景的部分看上去好似人的侧脸。这幅画既可以说是壶，也可以说是侧脸，主要取决于我们把黑白两部分中的哪一方看作“图底”关系中的底。也就是说这幅画描述了两个事物，我们把这种具有两面的性质称为“二象性”。

我们只要认为光与之一样就可以了。就如一幅画兼具壶和侧脸的性质一样，光也兼具“波”和“粒子”的性质。因此，光通过两条狭缝产生干涉条纹的杨氏实验并没有错。光确实也具有波的性质。

图 5-3　鲁宾壶

不过，通过这个实验我们也能看出光具有“粒子”的性质。当用极其微弱的光照射两条狭缝时（“微弱”是指光子的密度低），光的粒子只能一个一个地飞行。因而不会像波那样扩散，留在感光板上的是点的痕迹。

光的飞行方式印证了原本早期认为“光是粒子”的牛顿理论。因为牛顿力学认为光是直线传播的，所以感光的部分应该仅为连接光源与狭缝的直线的延长线上。然而，通过狭缝的弱光也到达了除此之外的地方。当然，因为这里不存在质量大的物体，所以传播路线不会在引力的作用下发生弯曲（如果在引力作用下发生弯曲，那么光点就不会分散于各处，而是集中到某一点了吧）。

不过，通过多次的反复实验，也得到了令人“豁然开朗”的结果。

最初光子看上去是向任意方向飞行的，然而经过长期的数据采集，发现最终光的痕迹在感光板上描绘出了干涉条纹。具有“粒子”性质的光在这里向我们展示了其“波”的性质。

这种令人不可思议的现象，不仅仅发生在光上。其实让电子通过同样的两条狭缝，也会得到相同的实验结果。也就是说，电子也具有波粒二象性。与光“以为是波其实也是粒子”相对，电子“大家都认为是粒子其实也具有波的性质”。图 5-4 的照片是日立制作所的外村彰团队的实验照片。这是使用让电子每次只飞出一个的极度微弱的电子线拍摄的，一个一个电子的汇集产生了干涉条纹。根据 2002 年英国科学杂志《物理世界》（*Physics World*）的读者投票，该实验当选为“科学史上最美的实验”的第一名（顺便介绍一下，第二名是或许实际上从未发生的伽利略比萨斜塔实验。埃拉托色尼测量地球圆周的实验排在第七位）。而且，波粒二象性不仅仅限于电子，适用于所有基本粒子。组成我们身体的基本粒子也既是“粒子”，同时又是“波”。

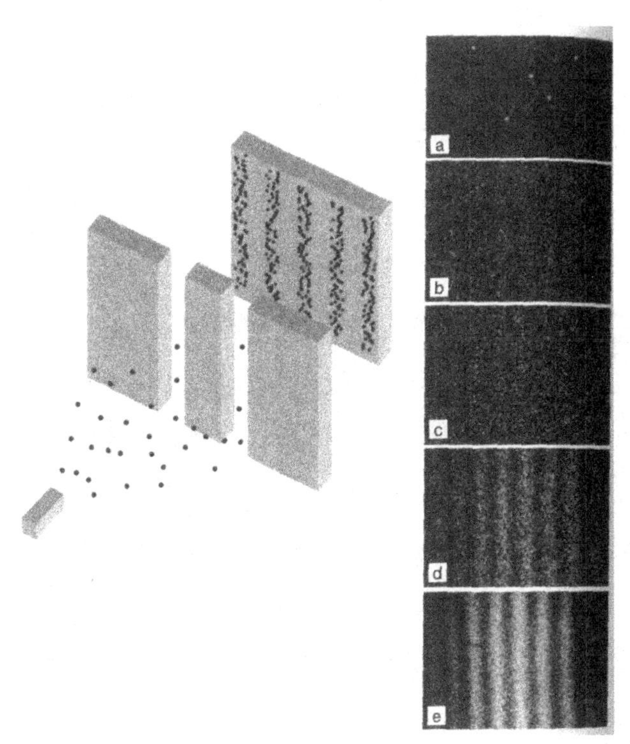

图 5-4　科学史上最美的实验

6. 令人难以接受的量子力学

如上所述，微观世界里发生着用我们的常识无法解释的奇妙现象。20 世纪 20 年代确立的量子力学解开了这些现象的谜团。相对论几乎是由爱因斯坦一个人单独创立的，而量子力学是集众多优秀研究者智慧的结晶。因为哥本哈根的尼尔斯・玻尔研究所聚集了海森堡、泡利、狄拉克等全世界的英才，所以在这个领域创造出了巨大的成绩。在那一时期，奠定日本近代物理学基础的仁科芳雄也旅居于此。

或许可以在某种意义上说，量子力学这一革命性的理论远远超越了爱因斯坦的相对论。从“时空变化”这点上讲，爱因斯坦理论虽然超越了牛顿理论，但是创立其方程式的思路属于牛顿之后的古典力学。无论是牛顿理论，还是爱因斯坦理论，都可以利用方程式来描述物理性的变化（也就是说，可以通过计算预测接下来会发生什么）。从这一点上讲，这两个理论没有什么区别。

然而，量子力学颠覆了这个物理学常识。在微观世界中，粒子的运动没有固定的轨迹。因此，即使使用方程式计算，也不能预测光子或电子的未来行踪。就连面对刚才实验中某一光子“将会通过两条狭缝中的哪一条”这么简单的问题，也无法做出回答。

或许不存在与我们直觉如此形成反差的想法。因为我们的常识是由古典力学培养出来的，所以可能会认为与通过计算得出发射炮弹的落点一样，如果知道电子的质量和速度，也能预测其未来走向。由于量子力学“不知道”这些信息，所以我们无法轻易接受该理论。在量子力学的著名研究者中，甚至有人开过这样的玩笑：“如果你碰到有人说量子力学知道这些，那么这个家伙肯定在撒谎。”

但是，如果不理解这些内容也就不会明白最新的引力理论。那么，让我们顺着说出这个笑话的科学家的思路，对量子力学进行解释说明吧。

这位科学家就是美国的物理学家理查德·费曼，他用独特的方法为量子力学带来了巨大的发展。1965 年，他与朝永振一郎、朱利安·施温格共同获得了诺贝尔物理学奖。乍一看费曼流派的想法与哥本哈根流派的不同，但是从数学上讲是一样的。不过，在理解后面出现的引力理论上，费曼流派的思路应该会发挥出作用。

图 5-5 理查德·费曼（1918—1988）

7. 认为“可能存在的情况其实全部存在”？！

如上所述，在牛顿之后的古典力学中，物体的一切运动完全取决于运动方程式。但是，费曼并不拘泥于运动方程式，他考虑到了所有可能的运动。这究竟是什么意思呢?

例如，把电子射入两条狭缝，通常我们会考虑到“两种可能”的路线。一是从发射点径直进入左边的狭缝，二是径直进入右边的狭缝。但是，费曼流派并非只考虑这两种可能，他们更加大胆地思考“一切可能性”。

让我再稍微详细一点做个介绍吧。费曼考虑了电子不会径直朝狭缝飞去的情况。例如，电子也可以沿着弯曲的路线进入狭缝，也可以反复多次进出左右两道狭缝。电子也可以先背离狭缝前行一段距离后再返回。甚至存在经过地球背面的巴西再进入狭缝的电子、离开地球环绕月球后进入狭缝的电子、飞行到海王星再返回的电子……电子的通行路线存在无限的可能。

思考所有可能之后，叠加各种可能的“效果”。这里的“效果”类似于给予电子观测的影响力。你也可以认为它表示电子经过某一路线可能性的高低。费曼认为，通过叠加所有路线的效果，可以计算出最终如何观测电子。

费曼的想法绝非从根本上否定牛顿力学。或许可以说，这与狭义相对论的“光速不变原理”没有完全否定牛顿的“速度合成定理”是一样的。当速度接近光速时，速度的单纯“相加”就不成立了，但是日常生活中的速度要远远低于光速，因此可以通用近似值。从严密的角度而言确实存在误差，只不过这是可以忽略范围内的偏差罢了。

在费曼流派的计算中，由于效果小的路线给现实的实验和观测带来的“效力”很小，因此也可以忽略不计。例如发射大炮的情况，虽然弹道内存在无限的可能性，但是牛顿力学计算出的路线效果更大是绝对的。因为像绕过巴西、月球或海王星这样的路线可以忽略其效力，所以牛顿力学计算出的结果（虽然是个近似值）是正确的。

但是在微观的世界里，不能忽略与牛顿力学预测所不同的路线。因为存在很多具有相应巨大效果的路线，所以不能一概而论。

事实上，在向两条狭缝逐个发射电子的试验中，乍一看电子随机“击中”目标。但是，电子最终描绘出干涉条纹。这是各种路线效果相叠加的结果。对于下一个被发射的电子将会选取何种路线的问题，只能预测其概率。

由于费曼的计算方法叠加了所有能够考虑到的路线，因此被称为“路径求和”。或许你不能马上理解这些话，不过这里就是认为“可能存在的情况其实全部存在”。例如，昨天我从家里出发去上班的路上存在无限的可能，其中也包括“我在途中被汽车撞死”的可能性。由于现实中活着达到工作单位的可能性极高，因此遭遇交通事故的路线基本没有什么效果，不过其效力并非为零。到了单位之后，我既可以说“我只死了一点点”，也可以说“在一个死不了的程度上，我死了”。不管怎么说，这里只有可以忽略程度的效果。

8.“活着的猫”和“死了的猫”一比一地重叠？！

虽然在研究方式上，计算路径之和的费曼方法与哥本哈根的众人创建的量子力学存在差异，但是其结果是完全相同的。总之，粒子的运动只能预测其概率，无法确定实际的观测。

在哲学领域中有一个这样的争论，那就是在我们背对夜空中的月亮而站的时候，“自己的身后真的存在月亮吗？”我不知道哲学家如何思考这个问题，不过物理学家或许会这样作答："如果那是一轮量子力学的月亮，在看到之前都不知道它在何方。"在涉及微观粒子的量子力学领域中，观测之前无法确定粒子的位置。

我先在这里介绍一个著名的思想实验——"薛定谔之猫"。奥地利的物理学家薛定谔通过这个实验，创立了"波动方程"，为量子力学的发展做出了巨大的贡献。

在这个实验中，首先把一只猫放入带有盖子的箱子中。然后放入放射性物质、盖革－米勒计数器和氢氰酸发生装置，最后盖上箱子的盖子。只要放射性物质放出伽马射线，盖革－米勒计数器就会反应，它的运动会导致氢氰酸的产生。因此，如果放射性物质释放出伽马射线，猫就会死掉，否则猫就会存活下来。那么问题来了，经过一定时间后，在仍旧盖着盖子的箱子内，猫是活着还是死了呢？

由于放射性物质是否在这段时间内释放伽马射线是一个量子力学的过程，就像刚才所讲的电子路线一样，无法准确地预测。要想知道猫的生死，我们只能打开盖子进行"观测"。如果在一定时间内放射性物质释放伽马射线的概率为 50%，那么猫活着的概率也为 50%。因此，在打开箱子的盖子进行观测之前，既不能说猫还活着，也不能说猫已经死了。不得不将其解读为生与死以一比一的比例"互相重叠"。

如果将其应用于费曼的路径求和，就相当于电子径直穿过狭缝的状态，与经过月亮或海王星之后再穿过狭缝的状态“互相重叠”。因为电子经过月亮或海王星的效果极小，所以可以忽略不计。但是在薛定谔的思想实验中，由于是生死相对，因此不能无视任何一方。

由于这是相反状态的“相互重叠”，用普通的常识或许难以接受。即使不打开盖子，猫也会处于要么还活着，要么已经死了的状态。但是如果箱子内部是一个量子状态，那么也只能这样思考了。

更加麻烦的情况是假设有一个更大的箱子，打开箱子的观测者置身其中。假设是我打开了放入猫的箱子，而你在我所处的大箱子的外面。当我打开盖子观测猫的生死时，你无法预言我观测到的是活着的猫还是死了的猫。在打开大箱子的盖子之前，“看到活猫的我”与“看到死猫的我”是以一比一的比例互相叠加的。

正如你的理解，这个思想实验将会没完没了。如果你处于更大的一个箱子之中，对于外面的观测者而言，“看到我看到活猫的你”与“看到我看到死猫的你”相互叠加。如果这个观测者也在一个箱子里……如此思考下去，观测将没有尽头。永远也确定不了猫的生死。

这就是量子力学的“观测问题”，它给哲学领域也带来了不小的影响。在物理学领域，当思考初期宇宙的问题时，这就是一个很现实的问题。因为初期宇宙是一个收缩到极限的微观世界，所以整体都必须应用量子力学。那么我们要直面的问题就是“观测初期宇宙的存在为何物”。

9. 不确定性原理——确定了位置就无法测量速度？！

无论是费曼的路径求和，还是薛定谔的思想实验，都告诉我们在量子力学中各种物理量是“不确定”的。这与宏观世界的古典力学存在很大的差异。叠加所有可能路线的粒子叫作“量子力学粒子”，因为其运动并不明确，所以会发生各种牛顿力学无法解释的现象。

其极端的例子也叫作“不确定性原理”。根据该原理，无法同时确定粒子的“速度”和“位置”。速度明确的粒子的位置是“不确定”的，相反只要确定粒子的位置就不知晓其速度。可以说“时间”和“能量”的关系也是一样的。牛顿力学认为粒子的位置和速度都是确定的，但是对于量子力学粒子而言这个说法就不再成立了。这到底是为什么呢？

我们可以通过粒子兼具“粒子”和“波”的性质来理解该理论。

正如解释光电效应时所述，粒子的波长越短其具有的能量就越高，波长越长能量越低，而且粒子的速度取决于能量的大小。因此，只要知道粒子的波长就能明确能量的大小，从而也能知道其速度。测量粒子的速度需要调查其波长的长度。

但是，如果不观察一定距离的波的运动就无法测量波长。因为波长是指波在一个振动周期内传播的距离，所以观测波长至少需要测量一个周期内波的传播距离。只盯住一点是无法知晓波长的。也就是说，要想了解速度就要正确测量波长，但无论如何“位置”都会发生变化，因此无法明确粒子在何处。

相反，因为明确粒子的“位置”就是只看波的一个点，所以无从知晓波长。因此，也就无法知道速度了。

时间和能量之间同样也存在不确定性的关系。

或许只有某一年龄以上的人知道，过去音乐竞猜的电视节目中有一个有名的环节，那就是听取曲子的前奏之后回答曲名。前奏竞猜、超前奏竞猜、超超前奏竞猜……每增加一个难度，播放的前奏就会变得更短。最后只能听一瞬间就要作答。

或许可以说这与不确定性原理十分相似。只听取曲子的一部分，正确回答曲名是很难的。听得时间越长，就越容易明白曲子的节奏和旋律。

如果也这么思考时间和能量的不确定性，就容易理解了吧。粒子的能量取决于波长的长度，类似于频率确定声音。为了知道是什么声音，需要增加时间的长度。如果只听一瞬间，就无法知晓声音的频率。同样，要想正确测定粒子的能量，时间就变得不确定，如果时间明确的话，能量就不确定了。

顺便介绍一下，这里所提到的“不确定性原理”是指一个量子状态不同时具有固定位置和速度的原理。与之相对，我们常说的“海森堡不确定性原理”是关于测定精度极限（量子极限）的主张，当要测定粒子的位置时，其测量行为会使测定对象的速度发生变化，因此速度的测定值产生了不确定性。由于这两个理论十分相似，所以常常被人们弄混，其实它们是两回事。

从 20 世纪 70 年代后半期到 80 年代前半期，科学家们为检测出引力波不断钻研测量精度的理论，在此期间对基于海森堡不确定性原理的“量子极限”提出了质疑。因为他们明确指出存在超越量子极限精度的测量方法。在海森堡不确定性原理的基础上，小泽正直提出了无论怎么测定都适用的不等式。2012 年 1 月维也纳工业大学的实验团队验证了小泽不等式，成为了时下的热议话题。

无论是小泽不等式，还是这里介绍的“不确定性原理”，反正都能通过数学推导出来，在量子力学中它们并不矛盾。

10. 融合量子力学和狭义相对论，预言“反粒子”

在此之前，我们解释了量子力学的概略。由于净是些奇妙的话题，你或许会认为与引力理论无关。不过在本书的后半部分内容所讲的最新引力理论中，量子力学和狭义相对论的融合将是一大主题。

20世纪20年代末，随着量子力学的建立，科学家们开始考虑融合量子力学和“狭义”相对论，并将该理论称为“量子场论”。狭义相对论认为光，也就是电磁波非常重要，因此要想融合狭义相对论和量子力学，需要将量子力学的原理也应用于电磁场。由于量子力学的使用不仅仅限于电子的路线，还体现在传播电子间力的电磁“场”上，因此称该理论为“量子场论”。

在这里，让我为大家介绍介绍狭义相对论与量子力学的“联姻”会发生什么吧。

由此产生的一个重要预言是“反粒子”的存在。

所谓反粒子，就是与某一粒子带有相反电荷的粒子。它们除电荷之外的质量等性质完全一样。例如，因为电子带有负电荷，所以其反粒子“正电子”的电荷是正的。顺便介绍一下，正电子的存在是由剑桥大学的保罗·狄拉克所预言，由加州理工学院的卡尔·大卫·安德森于四年后从宇宙线中发现的。

反粒子只要与电荷相反的例子相遇就会发生“湮灭”的现象。顾名思义，双方会一起消失。但是能量由于被保存了下来，因此不会消失，而是变成光飞走。

另一方面，在真空中会发生凭空“产生”粒子和反粒子，然后立即消失的现象。粒子的产生明明需要能量，却可以凭空创造出来，这确实太奇怪了。

其实，这里意味着之前提到的不确定性原理。如前文所述，不确定性原理认为无法同时确定时间和能量。把时间确定得越精确，能量的量就越难以确定（也就是说只能确定能量多少的大概）。因此，只要有短暂的时间，即使打破能量守恒定律也没有关系。这与盗用公司公款之后，只要马上还回就不会被发现是一样的（实际中不能这么干！）虽然从真空中借用了能量产生粒子和反粒子，但只要在自然意识到能量守恒定律被打破之前湮灭，把能量还给真空就可以了。

11. 为什么必须是从未来回到过去的粒子?

那么，为什么融合量子力学和狭义相对论会预言反粒子呢？Kavli IPMU 的所长村山齐在其著作《宇宙由什么组成》(幻冬舍新书) 中这样写道：

> 因为过于认真地思考会使大脑变得混乱从而影响心情（笑），稀里糊涂地接受并轻松地说句“原来是这样”会更好吧。我也没有过于认真地思考这个问题。

我将在这里为那些想要挑战这个问题的人做出解释，如果你觉得似乎理解不了的话，那么跳过这里直接阅读下一节也没有关系。当你阅读了费曼和惠勒对话的故事后，如果想要进一步了解背景知识的话，请回到这里来。

那么，我将分三个步骤解释预言反粒子的理由。

步骤一：前往过去的粒子为反粒子

所谓粒子前往过去，就是逆转事情的顺序。

当电子从过去的小明向未来的小花移动时，首先小明释放电子，之后小花接收电子。这是理所当然的事情。

与之相反，如果电子前往过去，那么电子就要从未来的小花向过去的小明移动。如果沿着时间的推移进行观察，就会看到小明先接收电子，之后小花才释放电子。

让我们一起来想想这两个例子有何不同。

最初小明向小花释放电子的时候，因为电子的电荷是负的，所以释放电子后的小明先带正电，过一段时间后，接收到该电子的小花带负电。这样我们就明白了，这个例子是负电荷从小明移动到了小花。

那么，当电子从未来的小花移动到过去的小明时，会怎么样呢？在这时，因为小明先接收到了电子，所以接收到电子的小明先带负电。之后释放电子的小花带正电。这与带正电荷的粒子从小明移动到小花是一样的。

也就是说，带负电荷的电子前往过去与带正电荷的粒子前往未来是一样的。这就是电子的反粒子——正电子。

另外，通过比较小明释放电子时受到反作用力的大小与小明释放正电子时（也就是小明接收未来的小花释放的电子时）受到的反作用力的大小，发现电子和正电子具有相同的质量。

虽然这里解释了电子和正电子的关系，但是这种关系可以适用于任何粒子。无论什么粒子，其前往过去都与它的反粒子（质量相同，电荷相反的粒子）前往未来一样。

步骤二：路径求和中出现超光速粒子

刚才已经介绍了前往过去的粒子可以解释为前往未来的反粒子。但是，我们本来有必要考虑前往过去的粒子这么荒唐无稽的事情吗？费曼流派的量子力学中写道：要考虑粒子的所有可能路线。即便如此，也并没有明确是否应该考虑从未来回到过去这种路线。实际上，在非相对论的量子力学中，因为只考虑了前往未来的粒子，所以反粒子并非必然存在。

不过，在费曼流派的量子力学中，粒子只要是前往未来的，无论采取什么样的行动都是被允许的。例如也可以把粒子并非径直飞出，而是绕道经过巴西的可能性加到计算中去。狭义相对论的运动方程不允许物体的运动速度超过光速，不过同理量子力学中也存在比光快的路线。也就是说，在量子力学的路径求和中，出现了超光速的粒子。

步骤三：超光速粒子可以变成前往过去的粒子

讲解到这里，或许也有人会恍然大悟吧。当公布“超光速中微子”的观测结果时，媒体曾报道称“这一重大发现或许能创造出回到过去的时间机器”。让我们假设狭义相对论是正确的，而且存在比光还快的粒子。那么在运动中的人眼里，这种粒子看上去正在前往过去。

在第二章中曾讲到，两位棒球队的队长在行驶中的电车进行猜拳的例子。虽然列车中的两位队长认为他们是同时出的石头剪子布，但是对于站在路边的队友而言，看上去貌似是车厢尾部的队长先出手的。事件是否同时发生会因观测方式的不同而出现差异。

在这里，我们用小花和小明替代两位队长乘坐列车。小花在车厢前部，小明在车厢尾部。小花朝小明释放电子。如果电子的速度比光慢的话，无论从列车中观察，还是在路边观察，看到的结果都是小花释放电子后，小明接收到电子。然而，如果电子的速度比光快（写给想知道准确值的人应该是：比光速的平方除以列车的速度还要快），对于路边的人们而言，他们看到的结果是小明接收电子后，小花才释放出电子（图 5-6）。当电子的速度变为无穷大，我们就能接受想象电子从小花瞬间移动到小明的情况了吧。

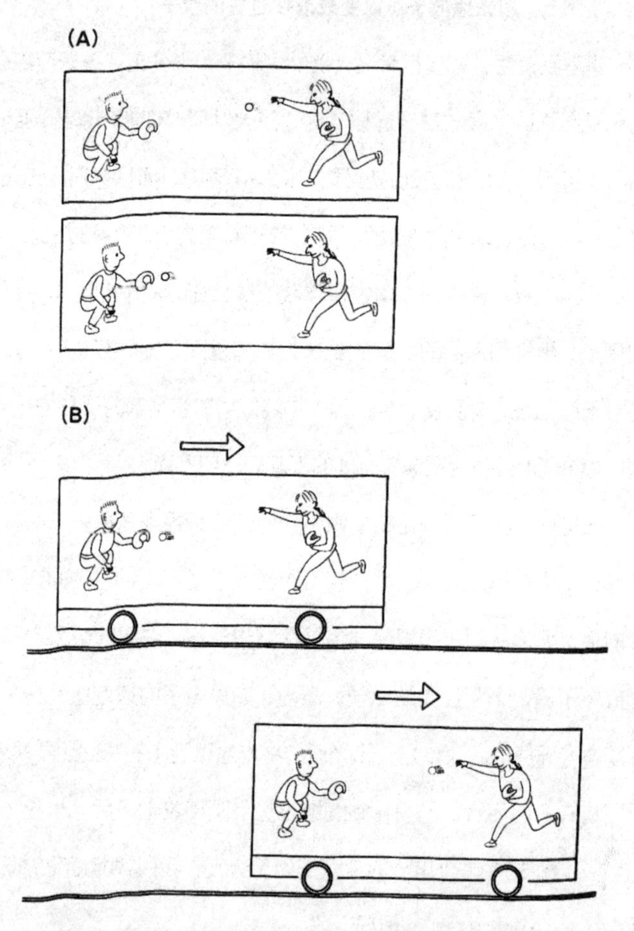

图 5–6　小花朝小明释放出超光速的电子（A）。对于站在路边的人而言，他们看到的是小明先接收到电子，之后小花才释放电子（B）

为了慎重起见，我再补充几句。虽说量子力学认为存在超光速的粒子，但并不意味着可以打造时光机器。因为量子力学认为所有潜在的可能性“全部存在”，所以必须将电子比光速还快的效果计算进去。但是，使用这种特例并不能实现传递信息比光速还快。与之相对，“超光速中微子”的观测令人震惊的是，如果该粒子果真存在就能实现以比光还快的速度传递信息，由于这与因果律互相矛盾，所以我们不得不重新思考狭义相对论。

量子力学并没有考虑前往过去的粒子的必然性。另一方面，狭义相对论禁止出现比光快的运动。然而，我们已经了解，只要将量子力学和狭义相对论组合在一起，就有必要考虑前往过去的粒子了。因为粒子前往过去等于其反粒子前往未来，所以在融合量子力学和狭义相对论的理论中，反粒子的存在是必然的。

12. 粒子和反粒子反复湮灭和产生

不光电子是这样，以上的说明适用于所有粒子。只要将狭义相对论和量子力学组合在一起，就能推导出任何粒子都有相应的反粒子。

像光子那样不带电荷的粒子也有反粒子，不过它的反粒子就是其自身。

在这里，我将用图说明粒子和反粒子的产生和湮灭是如何发生的。纵轴表示时间（下面是过去，上面是未来），横轴表示空间（距离）。该图叫作费曼图，使用费曼想出来的图解进行说明，理解粒子的运动就变得容易多了。

为了跳过上一节内容的读者，在此我再赘述几句。当表示电子运动方向的箭头从未来指向过去的时候，可以将其理解为电子的反粒子正电子前往未来。

首先看下一来自于未来的电子在中途 P 点反转返回未来的情况。这与电子和正电子在转折点 P 产生，并都前往未来的情况是一样的（图 5-7 上）。

接下来看一下从 P 点前往右上方的电子在 Q 点反转返回过去，描绘出一个圆形轨迹的情况。这与在 P 点产生的电子和正电子再会于 Q 点而湮灭的情况是一样的（图 5-7 下）。

另外，电子从过去到未来、从未来到过去呈 Z 字型运动的情况，与每改变一次时间轴的方向就重复湮灭和产生电子对的情况是一样的（图 5-8）。

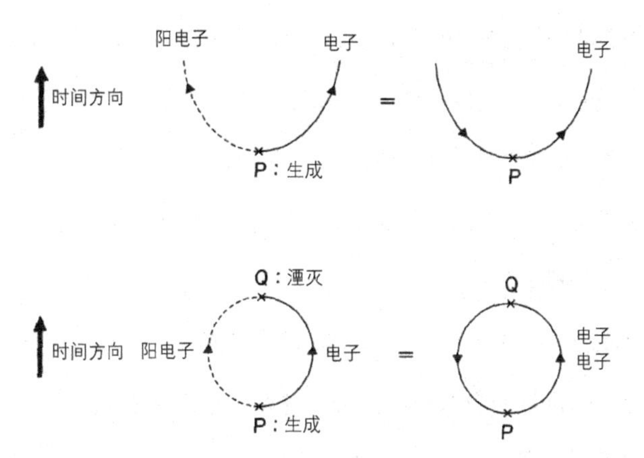

图 5-7　来自于未来的电子在 P 点反转返回未来（右上），等于在 P 点产生了电子和正电子（左上）。描绘出圆形轨迹（右下），等于产生的电子和正电子在 Q 点湮灭（左下）

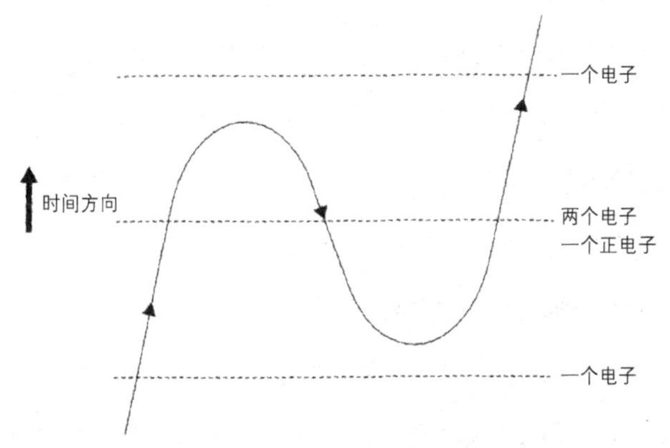

图 5-8　沿着时间走向观察，一个电子在某处产生电子和正电子，之后发生湮灭，最后剩下一个电子

虽然这三个图解都能一笔勾勒而成，但只要沿着时间的走向观察，就能发现电子运动方向发生改变的点，发生了产生和湮灭电子对的现象。一个电子的上下反复运动会产生若干电子和正电子。这些想法全部源于费曼，不过有人曾给过他某些提示，费曼在自己获得诺贝尔奖的演讲上也表明了这一点。

这段插曲发生于费曼仍在普林斯顿大学读研究生的时候。费曼突然接到了指导老师惠勒打来的电话。惠勒就是那位为“黑洞”起名的著名物理学家。第二章的开头也曾出现过这个名字。

“费曼，我知道电子为什么质量相等且带电了！”电话一通，惠勒老师就突然说道，“你问为什么？因为全部是同一个电子。听好了，假设一个电子往返于过去和未来。在某一时间断开其运动轨迹，会发现很多电子前往未来或前往过去。前往过去的是正电子。”

据说费曼是这样进行反驳的：

“但是老师，正电子并没有电子那么多！”

如果这个理由能够解释所有电子的话，那么必须要求存在数量相同的正电子和电子。费曼马上就注意到了这一点，他确实很了不起。惠勒老师听了费曼的反驳有些失望，迫不得已地扔下一句：“嗯，对哈……那，是不是质子中也隐藏着正电子呢？”

就这样，惠勒老师的偶然想法瞬间被否定了。但是，费曼注意到“从未来前往过去的电子与从过去前往未来的正电子相同”，并把这些想法运用到了自己的理论之中。

13. 凭空无限产生粒子的“量子场论”

在此之前，我们了解了结合量子力学和狭义相对论会发生什么。这里最重要的一点是，由于真空中会凭空不断产生粒子，因此“无法预测粒子的数量”。

例如计算大炮的弹道，因为炮弹的数量是固定的一枚，所以回答起来非常简单。像这种计算，考虑到的“自由度”越大就越难。例如，大炮的炮弹位置由纵、横、高三个数字决定，不过这些都可以根据当时的条件自由确认。这就是“自由度”。如果大炮的炮弹有两枚，那么确定两枚炮弹的位置需要的数字个数为 $2\times3=6$ 个，确定三枚炮弹位置的“自由度”为 $3\times3=9$。但是，由于无法确定粒子的个数，因此我们必须考虑无穷个自由度。

基本粒子论之基础“量子场论”的确立之所以历经半个世纪，是因为我们不知如何思考具有无穷个自由度的量子论。量子场论是在量子力学完成之后的1929年，由海森堡和泡利等哥本哈根流派的研究者提出的。但是，确立融合量子力学和麦克斯韦电磁学的“量子电磁学”却花了20年的时间。在该项研究的过程中，除了朝永振一郎、费曼和施温格之外，预言存在正电子的狄拉克和检测出正电子的安德森也获得了诺贝尔奖。

此后，又经过了25年，人们才接受量子场论是基本粒子论的基础。除了朝永振一郎之外，日本的其他研究者也在其中发挥了核心作用。继受到从哥本哈根玻尔研究所回国的仁科芳雄之熏陶的汤川秀树、朝永之后，日本的基本粒子论领域涌现出很多诺贝尔奖获奖者，如南部阳一郎、益川敏英和小林诚等。

不过，其实量子场论还没有完成。2000年克雷数学研究所公开征解七个数学问题的解答，作为“千禧大奖”解决每个问题的人都会得到100万美元的奖励。其中也包用数学解释量子场论的“杨－米尔理论”。俄罗斯的格里戈里·佩雷尔曼解证明了著名的数学难题“庞加莱猜想”，他婉拒巨额奖金的事情也成为了当时人们热议的话题。但杨－米尔理论的问题至今没有得到解决，可见这些世界难题如此难解。

另外一方面，量子场论提出的问题激发了数学家的研究热情，促进了现代数学的发展。例如，纵观也被称为“数学诺贝尔奖”的菲尔兹奖的获奖名单，1990 年以来将近四成数学家的研究都与量子场论密切相关。在以解答宇宙根本问题为目标的 Kavli IPMU 的研究中，有很多数学家参与的原因也在于此。

第六章

迫近宇宙这头洋葱的芯——超弦理论

1. “宇宙这头洋葱”的皮要剥到什么程度

物理学的目的并非只有一个，也有很多与技术革新直接相关的实用研究。但是，其真正价值之一肯定在于发现自然界的“基本法则”。这个世界到底是如何构成的？回答关于我们存在的根源问题是物理学应该履行的一大使命。

随着我们经验的不断丰富，自然界的基本法则愈加深奥。我们过去以为牛顿理论可以解释一切，然而面对更大的宏观世界需要爱因斯坦理论，更小的微观世界需要量子力学。

另外，在物理学的世界中，每当我们开辟出新的天地，就要构筑统一之前理论的新理论。例如麦克斯韦统一电现象和磁现象后确立了电磁学，为了消除麦克斯韦理论和牛顿理论的矛盾，出现了爱因斯坦的狭义相对论。通过融合狭义相对论和量子力学，发展成了“量子场论”。

不论哪一个理论，都是与基本法则研究的发展共同进步的。那么，物理学的研究领域会发展到何种程度呢？如果无论发展到什么程度都有“下一个”新大地的话，那么对于基本法则的探究也将没有尽头。相反，如果存在能够解释一切的“终极基本法则”，那么向前迈进的研究步伐就会在此止步。

我在上大学的时候阅读了弗兰克·克洛斯（Frank Close）撰写的《名为宇宙的洋葱》（*The Cosmic Onion*），他在该书中用洋葱皮的比喻方式解释了在微观世界中物理学不断开拓新天地的样子。洋葱最外侧的皮是我们日常所经历的世界。剥掉这层皮后，我们发现所有物质皆由“原子”组成。但是，这层也不过是“皮”而已。再剥掉这一层皮后，里面出现了“原子核”。继续剥掉这层皮后，原子核可以分解为质子和中子。现在我们发现质子和中子也不过是“皮”罢了，它们里面充斥着叫作“夸克”的粒子。

我们或许自然而然地认为，如果剥掉叫作夸克的“皮”，其里面还有我们未知的内核。无论把皮剥到哪一层，其里面仍然有皮。

夸克是不能再继续分解的基本粒子（物质的根源），还是由未知的基本粒子构成呢？这应该是将要通过今后的实验来进行验证的问题吧。

但是，名为宇宙的洋葱将会无穷无尽地继续被剥皮，还是存在不能再剥皮的“芯”呢？理论上是能够回答这个问题的。

我来宣布一下结论吧。暂且不论是否为夸克，这头洋葱必然有“芯”。物理学家的剥皮工作不会永远持续下去。在未来某一时刻某一地方，他们肯定会到达“不能继续剥下去的地方”。因此，也必然“存在”解释宇宙根源问题的终极基本法则。

2. 只要增大加速器的规模，就能看到无限小的东西吗？

但是，我们还未发现能够断定“这就是芯”的东西。那为什么我们知道“有芯”呢？为了让大家理解这一点，首先让我们一起来看看现在的基本粒子实验是如何剥“皮”的。

观察微观世界，我们需要利用“显微镜”。越是提高显微镜的分辨率，就越能看到更小的东西。因此，我们必须尽量让波长短的东西去撞击观察对象。如果波长比观察对象的大小还要长，那么波就会绕过观察对象而失去观察效果。

另外，正如介绍光电效应时所述，“波长短”就意味着“能量高”。因此，能否提高“显微镜”的分辨率决定了能量的高度。

例如电子显微镜，给电子施加能量加速越快，越能看到波长短的微小物体。基本粒子实验中所使用的粒子加速器与电子显微镜的原理相同。它是通过高能量加速的粒子碰撞来观察微观世界。能量越高，越能剥掉更小的洋葱的皮。

为了提高能量，粒子加速器的规模越来越趋于巨型化。其中最尖端的粒子加速器是此前多次提到的 CERN（欧洲核子研究中心）的 LHC（大型强子对撞机）。它是周长为 27 千米的圆形装置，被埋在地下 100 米的隧道内。该装置让其中的质子加速旋转，通过与从对面而来的质子发生正面撞击，能够观测到 100 亿 ×10 亿分之一米的微观世界。因为 1 纳米等于 10 亿分之一米，所以 LHC 能够观察到世界如此微小。

或许你会认为，如果能够无限地提高这种加速器的能量（而且宇宙这头洋葱没有“芯”的话），那么我们应该能够看到无穷小的物体。但是，这里存在一个界限。

请在这里回想起狭义相对论的公式 $E = mc^2$。这个等式意味着能量可以转换成质量。因此，粒子在高能状态下碰撞的瞬间，会产生“重

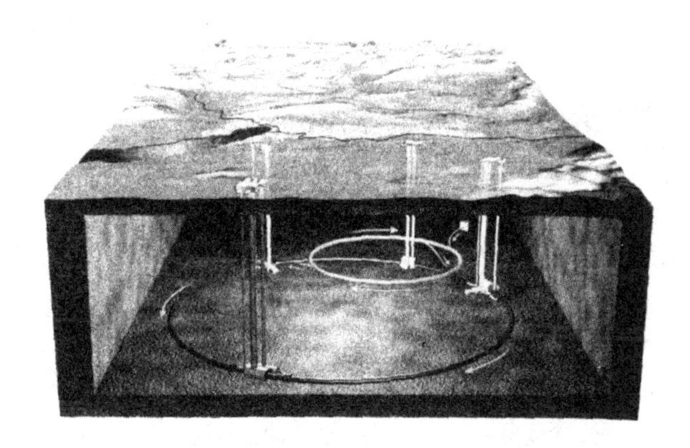

图 6–1 CERN 的 LHC 周长为 27 千米

物”。在极其狭小的空间聚集很大的质量会发生什么？你如果阅读了本书前面的内容，应该能想象到吧。没错，将会产生“黑洞”。

只要产生了黑洞，就会出现与其质量相匹配的“视界”，因此我们无法越过视界观察内部的区域。而且视界会因黑洞质量的增加而扩大范围。因此，为了缩短粒子的波长，越是提高能量，受到黑洞干扰而无法观测的区域就会越大。

3. 宇宙这头洋葱的“芯”为“普朗克长度”

在探索100亿 × 10亿分之一米微观世界的LHC实验中，发现超越现有基本粒子标准模型的现象被寄予厚望。虽然出现了各种各样描述这一领域的理论，但是LHC的能量也会让其装置中产生黑洞。物理学家丽莎·蓝道尔（Lisa Randall）的理论便是其中一例。她因科普书籍《弯曲的旅行：揭开隐藏的宇宙维度之谜》（*Warped Passages: Unraveling the Universe's Hidden Dimensions*）和参与NHK的纪实节目《对未来建言献策》的出演而广为人知。因此也有人在实验开始前就贸然断定“地球将被黑洞吞没”而起诉终止实验。但是，即便LHC中出现黑洞，它也是极其微小的，而且会立即消失，所以我们没有必要为之担心。相反，如果这种理论是正确的话，那么后面介绍的超弦理论就能通过LHC直接验证，这是多么令人兴奋激动啊。

基本粒子的标准模型在超越LHC的高能量下也成立，为了进一步观测更加微小的领域就要不断提高加速器的能量，其大小早晚会变成无法忽略黑洞的程度。让我们试想一下能够提供能量相当于LHC10^{16}

倍的加速器。利用与 LHC 相同的技术，将会把该加速器扩展到与银河系厚度相当的半径，因此我们只能停留在思想实验上。

在该能量下加速的粒子波长为 1 亿 ×10 亿 ×10 亿 ×10 亿分之一米。这一波长的粒子发生撞击的时候会产生史瓦西半径为 1 亿 ×10 亿 ×10 亿分之一米的黑洞。因为加速器的分辨率与黑洞的大小基本相同，所以应该观测的区域将会被覆盖。好不容易建造了星系规模的装置，却没有任何意义。

因为继续提高能量会使粒子的波长变得更短，黑洞会变得越来越大，所以逐渐失去了观测的意义。因此，通过加速器实验观测微观世界的方法，到了 1 亿 ×10 亿 ×10 亿 ×10 亿分之一米就出现了界限。并非“技术上无法实现”，而是“理论上做不到”。

虽然这个思想实验是以加速器能够“看见”为前提的，但是除此之外的各种思想实验也证明这一长度是分辨率的极限。无论使用什么原理、如何提高分辨率，都无法看到比它还小的东西。

第二章和第三章曾讲到，光的速度在相对论中具有特殊的意义。当物体的运动速度接近光速，就会发生牛顿力学无法解释的现象。同样，在探索 1 亿 ×10 亿 ×10 亿 ×10 亿分之一米这一极其微小的领域时，单凭量子力学和广义相对论中的任何一方都无法解释清楚。我们需要融合这二者的新理论。

在爱因斯坦提出光量子假说之前，马克斯·普朗克就曾主张光是“粒子”，他将自己的理论和引力理论组合在一起后发现，出现了1亿×10亿×10亿×10亿分之一米这个特殊的长度。据说普朗克自己认为比起发现量子力学前奏的光量子，发现这一长度更加重要。因此，取了普朗克的名字，这一长度叫作“普朗克长度”。

4. 解释宇宙根源的终极统一理论是什么?

“普朗克长度”就是宇宙这头洋葱的“芯”。或许有人会认为“虽然无法观测，但是可能仍然存在真正的内核”。但是物理学认为，理论上都无法观测的东西等同于“不存在”。

量子力学的不确定性原理也曾有过类似的争论。根据这一原理，只要粒子的速度是确定的，那么该粒子就不具有固定的位置。也有人认为“只是无法测定，其实该粒子是具有固定位置的”。从常识的角度讲，谁都会这么想吧?

但是，这么想是错误的。对于速度确定的粒子而言，是“没有”

位置的。倘若想到水面上的波，就能够理解了吧。因为波是有宽度的，所以无法同时确定它的波长和位置。对于某一波长确定的波而言，其正确位置在哪里呢？如果要问波在哪里，那只能指整个波。波是没有准确位置的。无法测定的东西就是“不存在”。

从这层意义上讲，或许可以说“普朗克长度”为分辨率极限的原理是新的“不确定性原理”。既然从理论上无法观测，那么就没有比其更小的东西了。它就是宇宙这头洋葱的“芯”，无法再继续剥皮了。

那么，如果能够构筑解释在“芯”发生的现象的理论，就没有必要继续发展该理论了。因为此后不会再有新天地了，所以这里就是理论的终点。如果我们能够走到这一步，就完成了统一描述这个世界根源的“终极理论”。

那么，这将是什么样的理论呢？其实，该理论已经有些眉目了。这个统一理论肯定融合了量子力学和广义相对论。不过，首先具有“波长”的粒子属于量子力学的范围。另一方面，黑洞源自广义相对论的领域。也就是说，它们二者一致的“普朗克长度”对于量子力学和广义相对论都具有相同程度的影响。

5. 朝永振一郎、费曼、施温格的“重整化理论”

但是，由于解释微观世界和宏观世界的理论都是各自独立发展起来的，因此统一二者并非易事。如果将量子力学原原本本地应用于爱因斯坦的引力理论，会产生各种各样的困难。

例如根据量子力学的不确定性理论，在微观世界中物体的位置和速度等物理量经常会涨落不定。因此，确立融合麦克斯韦电磁理论和量子力学的“量子电磁学”也是经历了千辛万苦。

因为麦克斯韦的理论涉及宏观的电场和磁场，所以能够精确地计算物理量，但是微观世界中的电场和磁场都存在数值涨落不定的问题。毕竟那是一个从真空中不断涌出粒子的世界，因此存在这种特性也是理所当然的吧。因为每个地方的电磁场方向和强度都不同，所以要把所有的涨落效果都计算进去，那么各种计算中就会出现“无穷大”的问题，从而使计算失去了物理意义。

1965 年，朝永振一郎、费曼和施温格因“重整化理论”共同获得了诺贝尔物理学奖，该理论解决了“无穷大”的问题。

重整化是通过极其复杂的计算回避无穷大的方法。谨小慎微地回避无穷大，同时不断试探地计算，最终得出具有物理意义的结果。物理学中的无穷大就是如此棘手的存在。

顺便介绍一下，施温格是一位 21 岁就获得博士学位的天才。他将哥本哈根流派的量子力学直接应用于麦克斯韦的理论，以超人般的计算能力投入到重整化理论的研究之中。与之相对，费曼是一个独创型的科学家，几乎全部物理都由他自己重新发现或重新发明。据他本人介绍，他似乎理解不了教科书中的量子力学，于是他学习的时候比任何人都要用心刻苦，最终完成了自己流派的量子力学。这就是上一章所介绍的费曼“路径求和”的方法。即使在“重整化理论”中，费曼的这个方法也比施温格的方法更加高效，因此现在几乎所有研究者都在使用费曼的方法进行计算。

就在这两位理论物理学巨人为完成重整化理论而在美国竞争火热的 1948 年，从日本寄来了一个包裹。在一起寄过来的物理学杂志中，登载了朝永振一郎于 1943 年发表的日语论文的英译版。后来弗里曼·戴森证明了费曼的方法与朝永振一郎及施温格的方法在数学上的等价性，他在自传中这样描述阅读这篇论文时的感受。

> 在战火纷飞的混乱时期（第二次世界大战），即使他与世界其他地方完全隔绝孤立……但却抢在施温格之前（比施温格早5年）……独立推进新量子力学的发展，并构筑了该理论的基础。……1948年的春天，东京给我们寄来了令人感动的包裹。它作为来自远方的声音叫醒了我们的耳朵。（出自《宇宙波澜》，弗里曼·戴森）

当融合爱因斯坦的引力理论和量子力学的时候，果然出现了无穷大的问题。但是，由于这里的无穷大比融合电磁学与量子力学时更为棘手，重整化理论无法解决这个问题。这便是思考统一理论之路上的障碍之一。

另外，爱因斯坦理论把引力的传播方式解释为空间的扭曲和时间的伸缩。虽然该理论将时间和空间混杂在一起，但是当应用于量子力学的时候，时间和空间的构造本身将会在微观世界中涨落不定。由于无法确定空间，所以“长度”这个概念也是不成立的。因为即使我们想要确定长度，也不知道在涨落不定的空间的何处进行测定。由于这个问题引出了各种各样的悖论，它在很长的一段时期内都困扰着物理学家。其中具有代表性的悖论便是“黑洞的信息丢失问题”，我会在其他章节介绍这一问题。

要想构筑能够解释这个世界的“芯”的终极统一理论，必须先解决掉这些问题。现在我只知道一个具备这种可能性的理论。这一理论十分令人期待，它将通过克服量子引力的无穷大之难题、解决各种各样的悖论，来融合量子力学和广义相对论。该理论就是接下来将要介绍的“超弦理论”。

6. 基本粒子为像小提琴的“弦”那样的东西？！

超弦理论是由 Superstring Theory 翻译过来的。这里所谓的 string（弦）是指作为物质根源的基本粒子的最小单位。自古希腊出现万物之源为“原子”的观点以来，我们认为基本粒子是不能继续分割下去的“点”。但是超弦理论认为，它是一维的“弦”（string）。

虽然现在已知的基本粒子有夸克、光子、电子、中微子等很多种类，但是这些粒子存在很多变化，无论如何都感觉它们不是物质的“基本单位”。如果再剥掉这层“皮”，似乎就会出现这些粒子共同的基本单位。

于是超弦理论认为，所有粒子都由相同的“弦”组成。就如同小提琴的弦会通过振动奏出各种各样的音程和音色，这里所说的“弦”也会通过不同的振动方式，组成夸克或者中微子。

这种观点最初出现于20世纪60年代末。在50年代至60年代期间，加速器取得了十足的发展，科学家们接连不断地发现新的“基本粒子”。虽然我们现在已经知道任何粒子都是由夸克组成的，但是当时人们认为质子和中子同为“基本粒子”。因为几乎每周世界某地都有新的发现，所以不知道如何解释这些粒子。鉴于基本粒子的种类如此之多，很难认为它们就是“最小粒子”。

就在各种基本粒子论越来越纷乱复杂的时候，意大利的威尼采亚诺（Gabriele Veneziano）于1968年发现了解释基本粒子性质的公式。不过威尼采亚诺公式并不是由基本法则推导出来的。也没有具体的根据，威尼采亚诺只回答道：“使用这个函数正好符合逻辑。”

两年后，南部阳一郎提出了解释威尼采亚诺公式的新观点。如果认为构成基本粒子的物质不是“点”，而是具有弹力的“弦”，那么就可以使用威尼采亚诺公式来解释不断发现的粒子的性质。“弦理论”的序幕就此拉开了。

7. 从弦理论到超弦理论

南部阳一郎开创的“弦理论”现在叫作“超弦理论”。这里的“超”是什么呢？当然，它是有具体意思的，并不是一个笼统的接头词用来表示“非常了不起的弦理论”。

为了解释它的意思，首先我们需要大致了解一下现在已知的基本粒子“标准模型”。在基本粒子的研究中使用“模型”，这句话听起来令人不可思议，不过“标准模型”是一套理论，它总结了哪种基本粒子在何种力的作用下会创造出微观世界以及最新的实验数据。在物理学中，把用数学语言解释自然现象的方法称为“建模”。总之，表示“关于现在的基本粒子领域，我们只能了解到这种程度”的最尖端的模型，就是标准模型。

标准模型的基本粒子大致分为表示物质本原的费米子和传播作用力的玻色子。质子和中子中的夸克、电子以及中微子都是构成物质的一种费米子。与之相对，光子是玻色子，因为正如前文所述它是传播电磁力这种“力”的粒子。另外，表示基本粒子质量起源的希格斯粒子也是玻色子中的一员。在基本粒子的标准模型中，希格斯玻色子是唯一没有被发现的粒子，我们都期待着 LHC 能够发现它。

不管怎样，在这里你只要知道基本粒子分为两种，分别为构成物质的费米子和传播作用力的玻色子就行了。标准模型是用来阐明费米子和玻色子之间的相互作用机制，以及解释如何发生各种各样现象的。

接下来，让我们重新回到弦理论的话题。1970 年南部阳一郎最初发表的弦理论并不能适用于所有基本粒子。该理论只能用来解释玻色子。

图 6-2　南部阳一郎（1921—　）

为了能用弦理论解释包括费米子在内的所有基本粒子，在此产生了“超对称性”的概念。“对称性”是指无论替换什么条件自然界的存在形态都不会发生改变的性质。例如宇称（Parity）对称性，自然界的现象是遵循物理规律而发生的，然而对于某一现象，当我们试想将其左右替换如同映在镜子里的情形时，发现该现象也遵循完全相同的规律。即使替换左右也不会变换物理规律的性质就是宇称对称性（不过，因为宇称对称性在微观世界中会出现微小的破缺，所以这只是一个近似的说法）。

虽然南部阳一郎提出的弦理论无法解释费米子，但是只要引入超对称性，该理论就能涵盖费米子了。由于玻色子和费米子是两种性质不同却又相互关联的粒子，因此为了区别于一般的对称性，将其称为“超”对称性。超弦理论的“超”就是超对称性的“超”。涵盖玻色子和费米子，并将“弦”视为所有基本粒子根源的理论，是以存在超对称性为前提的。

8. 挥之不去的六个额外维度和神秘粒子

然而，产生于20世纪70年代初期的超弦理论也面临着几个棘手的问题。

第一个问题是：宇宙必须具备十个维度（空间九维 + 时间一维），该理论才能成立。我们所在的空间应该是三维的。因为如果要想在空间内确定位置的话，只要确定了纵、横、高这三个物理量就可以了。所谓九维空间，无非是除了纵、横和高之外，还存在六个额外维度。为什么需要这些额外的维度呢？这被人们认为是理论上的一大缺陷。

问题不仅仅体现于此，基本粒子的模型也存在缺陷。因为理论中包含着通过实验无法发现的奇异粒子。由于弦的振动方式五花八门，其中也包括图 6-3 那种振动方式，我们发现与之对应的粒子没有质量，其传播速度为光速。但是，在基本粒子中以光速进行传播的仅限于传播电磁力的光子等粒子。

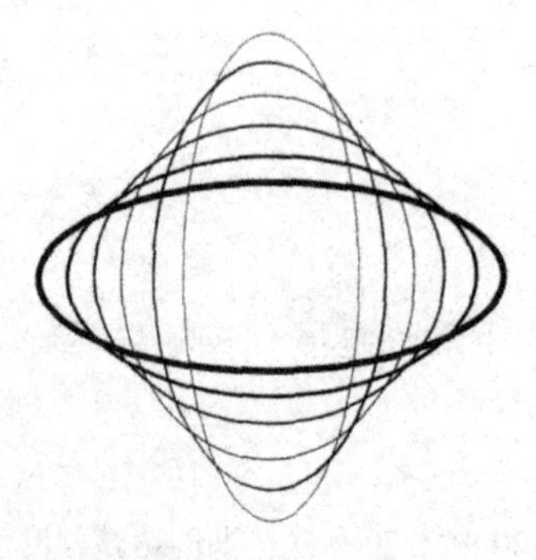

图 6-3　与如此振动的弦相对应的粒子没有质量

因为本来该理论就是为了解释接连被发现的基本粒子，面对未知粒子的出现，也可以说是本末倒置了吧。因此，超弦理论中存在两个“多余的东西”，即六个额外维度和神秘粒子。

不过，1974 年日本和美国几乎同时发现，该理论存在另外一种截然相反的可能。日本注意到这一点是米谷民明，当时他还是北海道大学的研究生（现在为东京大学的名誉教授）。米谷民明发现，超弦理论中包含的奇妙粒子为引力波的量子，也就是引力子（传播引力的玻色子）。引力确实被认为是以光速传播的。

另一方面，美国加州理工学院的约翰·施瓦茨和法国的乔尔·谢尔克在共同的研究中发现超弦理论包含引力。他们通过进一步的研究后提出了以下观点：超弦理论应该可以归为引力理论，它是融合了广义相对论和量子力学的终极统一理论。

9. 施瓦茨用 10 年的坚守换来了革命性的发现

当时，基本粒子论也取得了很大的进展。后来获得诺贝尔奖的“强相互作用的渐进自由”理论已于 1973 年发表，该理论表明基本粒子实验可以根据量子场论来进行阐释。

于是超弦理论在基本粒子论的研究上就不再具有什么魅力了。之所以量子场论可以解释基本粒子实验，是因为超弦理论还不够成熟。因此，几乎所有研究者都不再理睬超弦理论。对于当时的研究者而言，这或许是理所当然的判断吧。

图 6-4 约翰·施瓦茨（1941— ）

但是，施瓦茨没有抛弃超弦理论。当发现该理论涵盖引力理论的时候，他曾这样说道："我决定用毕生精力去研究超弦理论。"加州理工学院也同意继续聘用具有这种科研精神的施瓦茨，在研究方面为他提供了各种保障。由于我现在也在那里工作，说起来或许有些自我吹嘘的意味，不过可以说该所大学真有先见之明。

经过长达十年的不懈努力，1984 年施瓦茨和年轻有为的研究者迈克尔·格林共同获得了革命性的发现。他们发现了把夸克、电子等费米子融入超弦理论而不产生矛盾的方法。从而他们预测超弦理论将是基本粒子的最终模型。

又经过数月之后，他们明白了该如何思考六个额外维度。这六个维度曲卷于狭小的空间之中，除了通常的三维空间之外，剩余空间是一种我们看不到的结构。而且这种设定的目标是通过超弦理论推导出基本粒子的模型。

正如前文所述，超弦理论中存在两个多余的东西。一是通过实验无法发现的奇异粒子。根据米谷民明、谢尔克和施瓦茨的研究成果，我们发现这种神秘粒子是引力子，它是超弦理论成为引力理论的重要因素。二是六个额外维度。根据 1984 年的发现，这些被认为多余的维度在统一各种基本粒子及其作用力上发挥了关键的作用。

这对于超弦理论而言实属爆炸性的进步。按照施瓦茨于 1974 年提出的主张，科学家们将超弦理论视为基本粒子论的主流，开始认真讨论它是否为“终极统一理论”。因此，在我们研究者的圈子里，把 1984 年的发现称为“第一次超弦理论革命”。

10. 六个额外维度曲卷于狭小空间？！

我在这里先介绍一下“额外维度”。虽说“因为六个额外维度卷曲于狭小空间，所以我们看不到它们”，但是我们并不清楚该如何用日常的感觉去理解。

我们已经在《平面国》的故事中了解到，我们无法对维度比我们自己所在的三维空间还高的空间产生印象，不过我们能够想象低维度的空间。那么，就让我们一起思考一下一维空间和二维空间的情况吧。

如图 6–5 所示，请想象一下，院子里放置着用于洒水的水管，有一只蚂蚁在管子上爬行。对于蚂蚁而言，水管的表面是一个二维空间，它既可以“纵”爬，也可以“横”行。

但是，如图 6–6 所示，如果有一只鸟从某处飞来落到水管上的话，会是什么情况呢？因为鸟的脚要远比水管粗，所以它只能纵向移动。蚂蚁的位置由纵、横两个信息确定，而鸟的位置只由一个信息就能确定。也就是说，对于蚂蚁而言，水管是二维空间，而对于鸟而言只能视为一维空间。鸟只能沿着一维的水管纵向移动，它感觉不到横向的

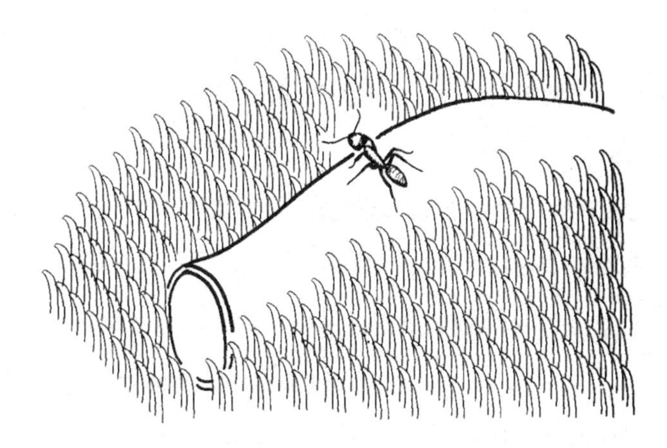

图 6-5　对于蚂蚁而言，水管的表面是二维的

图 6-6　对于鸟而言，水管是一维的

“额外维度”。

那么，“额外维度”是什么形状呢？由于水管是圆筒形的，那么在鸟站立的“点”剪断哪里都是“圆”形。与之相同，如果我们的三维空间也存在额外维度，那么在我们看不到的方向上也有“圆”吧。因为这些圆小到我们无法观测，所以我们看不到它们。也就是说，对于我们而言，六个额外维度就好比对于鸟而言的“水管厚度”。

其实，在超弦理论出现以前，就有理论使用这种额外维度来思考自然界的“力”了。该理论就是统一引力和电磁力的理论。

现在我们认为自然界中除了引力和电磁力之外，还包含作用于基本粒子间的“强力”和“弱力”。那么，提到“力的统一”就是指用一个定律来解释上述“四种力”。但是，在发现强力和弱力之前，对于物理学家而言，统一自然界中的“两种力”就是一个很大的目标了。由于麦克斯韦理论统一了电力和磁力，所以人们会自然而然地想到接下来也能统一电磁力和引力吧。

西奥多·卡鲁扎和奥斯卡·克莱因最终把这一理论带入了“四维空间”。无论麦克斯韦的电磁理论，还是爱因斯坦的广义相对论，之所以偶尔使用这些理论是因为我们生活在三维空间，其实这些方程式并没有对维度做出选择。不论空间的维度比三维高还是低，只要使用相应方程式都能进行计算。因此，我们也想到了“平地的引力理论”。另外，如果把广义相对论教授给四维空间的居民，他们也能直接使用。

刚才讲到，“对于鸟而言的额外维度”是位于横向“看不到的圆=0”。我们可以将其表示为“一维 × 0”。请想象一下沿着水管的纵向直线剪开水管的情形（图 6–7）。剪开的形状为长方形，只要将其两端的直线边（一维）粘在一起，就变成了鸟所落脚的圆筒。也就是说，“圆筒 = 一维 × 0”。

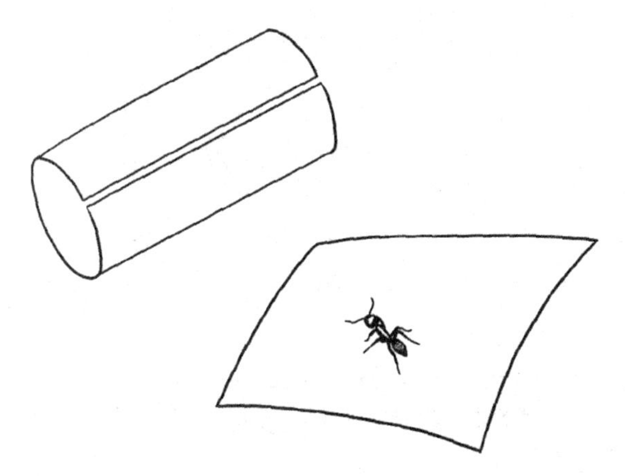

图 6–7　沿着水管的纵向剪开会变成一个平面

那么，“二维 × 0”又是什么样呢？它对于生活在二维空间的蚂蚁而言，属于额外维度。因为整体是三维的，所以那是一个我们能够想象的空间。在“一维 ×0”的情况下，只要把长方形的两端粘在一起，就变成了圆筒。这回让我们思考一下长方体的房间，试试把天花板和地板粘起来。如果我们处于这样的房间之中，当天花板和地板相距过近时，我们就只能在二维方向上活动了。因为天花板和地板贴合在一起，所以高度的方向为 0。这便是“二维 ×0”(图 6-8)。

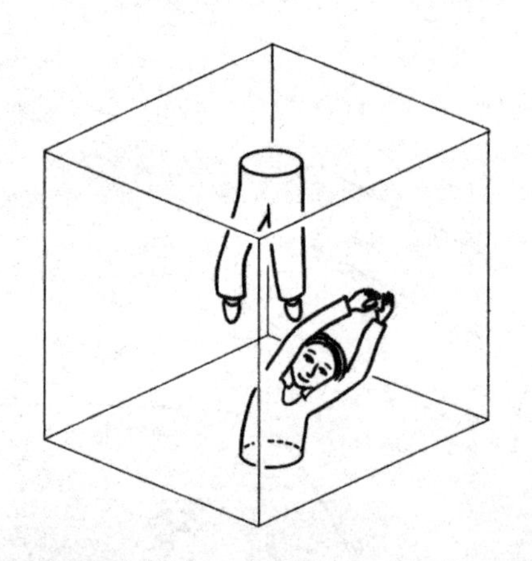

图 6-8　只要把三维房间的地板和天花板贴合在一起，就变成了“二维 ×0”。在这个房间中，如果想去比天花板还靠上的地方，就会从地板出来

卡鲁扎 – 克莱因理论认为，只要在三维空间内添加一个额外维度，空间就会变成“三维 ×0”。我们所在的空间内存在额外维度，它们是很小的 0。通过在四维空间内思考广义相对论，住在三维空间的我们对

其进行观测，他们发现那里包含引力和电磁力。虽然爱因斯坦在晚年为统一引力和电磁力倾注了很多心血，但是他未能完成这一壮举。根据科学史家的研究，他最后拓展了卡鲁扎－克莱因理论。

11. 已经备齐解释标准模型需要的所有工具

额外维度在超弦理论中增加到了六个。“三维 ×0×0×0×0×0×0”的六个额外维度虽然曲卷于狭小空间，但是它发挥了重要的作用。如前文所述，自然界中除了引力和电磁力之外，还有作用于基本粒子之间的“强力”和“弱力”。用同一法则解释这“四种力”是“力的统一”的目标。在以格林和施瓦茨的发现为开端的“第一次超弦理论革命”的最初几个月内，已经出现只要使用六个额外维度就能用一个法则解释这“四种力”的可能（后面的内容会做出解释，这六个维度的形状要远比“0×0×0×0×0×0”复杂）。

在该理论出现之前，并不是没有使用卡鲁扎－克莱因理论来统一自然界的力的尝试。但是因两大理由而宣告失败。

其中一个理由是高维度的理论与量子力学不合，计算中会出现无穷大的问题。如前文所述，麦克斯韦的电磁理论与量子力学的统一好不容易才由“重整化理论”攻克了无穷大的问题，从而变成有意义的计算。但是，这里存在一个“在三维空间内”的但书。如果空间变为四维以上，就会出现更为难解的无穷大问题而无法重整。在高维度空间内，量子电磁学是不成立的。

电磁力已经如此困难了，换成引力将会变得更难。因为在三维空间内电磁力都会出现棘手的无穷大问题，“重整化理论”也不适用，所以换成高维度的空间就更束手无策了。

如果高维度的理论与量子力学不合，那么引入六个额外维度的超弦理论也似乎会因无穷大问题而碰壁。但是，该理论从一开始就没有这方面的担心。为什么这么说呢？答案是之所以将力的作用量子化时会产生无穷大问题，是因为基本粒子是“点”。

例如，作用于带电粒子之间的电磁力与两个粒子间距离的平方成反比，所以两个粒子靠得越近电磁力越大。因为量子力学考虑所有可能的路线，所以必须也要将两个粒子紧贴一起的情况计算进去。此时的电磁力将会变成无穷大而失去意义。当空间为三维的时候，“重整化理论”可以处理这个无穷大问题，但是当空间为更高维度时，问题就变得更加严重了。两个粒子之间的力将会随空间维度的变化而变化，如果空间为四维就与距离的三次方成反比，如果空间为五维就与距离的四次方成反比，因此会以更加快的速度变大，根本无法解决由此产生的无穷大问题。

然而，超弦理论的基本单位是“弦”，因为它是一维的，所以力也会沿着一维的方向分散。因此，即使两条弦靠得再近也不会像点粒子那样产生无穷大的问题。无论使用什么物理量进行计算，都可以从一开始就得到有限的值。因此，该理论与无穷大问题无缘，没有必要去刻意思考如何解决它。虽然该理论为高维度的理论，但是极其例外地与量子力学“情投意合”。

另外一个理由是解释基本粒子标准模型所需要的材料没有准备齐全。除了组成物质的粒子夸克和电子、传播四种力的玻色子之外，标准模型中还存在着各种各样的要素，包括赋予物质质量的希格斯机制等。即使能够解释一部分，也很难创立一套完备的理论。

但是，施瓦茨经过百折不挠的努力，最终使用超弦理论解决了所有问题。尤为重要的是，他攻克了被称为“宇称不守恒”的问题。

刚才也曾讲到，所谓宇称是指左右可替换的对称性。物理学认为，无论什么现象，只要是映入镜子左右可替换的现象，它们就遵循同一法则。

但是，在微观世界里，这种对称性并不是完全成立的。在与基本粒子之间的“弱力”相关的物理现象中，宇称的对称性将会出现微小的偏差。也就是说，自然界只“区分左和右”。

把宇称不守恒引入超弦理论是一件非常困难的事情。例如生硬地把宇称不守恒拉进计算之中，量子力学的概率会变成“负”值。虽然能说出某一粒子的位置概率为“-5%”，但这有什么意义呢?

当然对于施瓦茨而言这也是一个大难题，可以说他花了十年的时间才把宇称不守恒融入了超弦理论。格林和施瓦茨于 1984 年发表的论文表明，超弦理论终于备齐了解释标准模型需要的所有工具。

12. 能够在六维空间的计算中使用的“拓扑弦理论”

对于当时的研究者而言，这一发现堪称奇迹。他们最初的研究目标并非如此，却意外地与所有工具邂逅。因此，很多研究者认为“这肯定是最终的解答”，并被超弦理论深深吸引。

我自己也是其中的一员。在这里我稍微介绍一下自己的情况，当格林和施瓦茨于 1984 年掀起第一次超弦理论革命的时候，那一年我正好考上了研究生。因为那个时代还没有电子邮件和网站，所以他们的论文通过船运寄到我这里需要三个月之久。由于我再怎么冲刺都会落后三个月，所以当时的急切心情仍记忆犹新。

当年冬天，普林斯顿大学和加利福尼亚大学圣巴巴拉分校的物理学家通过六维空间的几何学推导出了基本粒子的标准模型，并共同发表了相关论文。曾被认为多余的六维空间掌握着基本粒子模型的秘密。虽然我当时还是研究生院一年级的学生，但是当时被邀请到京都大学的基础物理学研究所，在研究会上介绍这篇论文。我记得当时超出预计时间两个小时都没有结束，最后保安都把会议室里的暖气关了。所长把我们请到了研究所中唯一具有独立取暖设备的所长办公室，大概 20 几个人挤在所长的房间里讨论到了深夜。无法直接观察到的空间的性质中可能蕴含着自然界的法则，当时我感到这简直太美妙了。

于是我决定把这个研究领域作为自己的主战场，不过六维的几何学毕竟处于发展的过程中，用普通的方法是无法理解的。特别是在超弦理论涉及“卡拉比 － 丘流形”（Calabi－Yau manifold）的六维空间中，我们连如何测量两点间距离这么简单的问题都不知道。

“连距离都无法测量的空间，到底能用来做什么呢？”

当我完成硕士课程成为东大助教的时候，我也这么问过后来获得诺贝尔奖的戴维·格娄斯。

不过，我们不能把如此具有魅力的理论摆在面前而放置不管。从那以后，我不断思考到底如何做才能从连距离测量方法都不知道的六维空间，推导出三维的基本粒子的性质。1992 年至 1993 年我在哈佛大学从事研究期间，与那里的三名研究者共同开发出了严密计算其中一部分的方法。我们是一个国际研究团队，成员包括俄罗斯的米哈伊尔·博沙斯基、意大利的塞尔吉奥·切科蒂、伊朗的库姆兰·瓦法以及日本的我。

图 6–9　博沙斯基、切科蒂和瓦法。他们三人是与我共同开发“拓扑弦理论”的成员

我们使用的是拓扑学的方法。拓扑学是研究图形连续变化中的不变性质，将变化的图形理解为“相同形状”的几何学。例如带把手的咖啡杯与面包圈都有一个“洞”，它们经过连续变化后会变成相同的形状。

图 6-10　上面的两根绳子可以解开，可是下面的两根绳子如果不剪断是解不开的

在这里让我们看一下四种绳结（图 6-10）。上面的两根绳子经过连续变化后可以解开，而下面的两根绳子是解不开的，除非剪断。其实最近拓扑学领域取得了很大的进展，其中有个方法是不必实际摆弄绳子，单凭观察就能判断绳结是否可以解开。也就是说，即使不清楚具体的形状，也能计算出其结构。

第四章提到的彭罗斯在证明存在黑洞奇点的时候，使用的也是拓扑学方法。虽然他没有直接解开爱因斯坦的方程，但是发现了解的性质。

我们开发出的方法与之存在类似的地方。我们发现在三维空间的基本粒子的性质中，具有无论如何测量六维空间距离都不会改变的物理量。也就是说，即使我们不知道距离的测量方法，也可以实现关于某个量的计算。

这个方法叫作“拓扑弦理论”。这似乎是一个容易让人误解的名称，其本身并不是物理的理论，而是超弦理论中使用的一个计算方法。你只要将其理解为在超弦理论发展过程中开发出的必要“工具”就可以了。不过，当初我们研究这个方法的时候，并不知道它具体会在什么问题上发挥作用。

在此后将近 10 年的时间里，我也一直思考着这个问题。在此期间，我开发出了拓扑弦理论的各种计算方法。例如刚才介绍的“单凭观测就能判断能否解开绳结的方法”也与 1999 年我和瓦法共同开发的方法密切相关。通过这一系列的研究成果，我们发现这个工具可以应用于解决霍金提出的问题。这个问题便是下一章即将介绍的“黑洞的信息丢失问题”。在统一引力理论和量子力学的过程中，这是一个不可回避的大难题。

第七章

被扔进黑洞的书的命运——引力全息原理

1. 粒子的能量变为“负”值所引起的麻烦

还记得第四章介绍的霍金“首秀”吧。霍金与彭罗斯共同证明了初期宇宙存在奇点，并阐明爱因斯坦理论存在破绽。霍金着手研究的下一个大难题就是接下来即将介绍的“黑洞信息丢失问题”。

这可以说是惠勒曾经提出的“激进保守主义”的典型实例。也就是将理论应用于极限条件，使用到不再适用为止的方法。霍金没有修正广义相对论和量子力学，而是直接应用于黑洞问题。结果他发现了令世人震惊的事实。

在说明霍金的思想实验之前，首先让我们重新思考一下爱因斯坦理论中的“时间”和“空间”。

在相对论中，时间和空间是对等的。它们不是各自独立的概念，而是合二为一的“时空”，（如果空间是三维的）具有纵、横、高和时间四个方向。

不过，时间和空间并非完全相同，它们也有本质的区别。例如，我们能在空间内向右移动后再返回左侧，而时间的方向是不可逆的。时间只能从过去向未来流动，无法返回过去。我们记得昨天吃了什么，但不记得明天吃了什么。

它们的不同点同样也适用于“能量”和“动量”。相对论认为，能量和动量也可以像将时间和空间归结为时空那样进行组合。所谓能量就是“时间方向上的动量”。但是，正如时间和空间存在微妙的差异，能量和动量也有不同的性质。

例如以时速为 100 米向右运动的物体，与以时速为负 100 米向左运动的物体是一样的。因为动量等于“质量 × 速度”，所以它的值既可以取“正”的，也可以取“负”的。另一方面，能量通常必须为“正”值。实际上，质量为 m 的粒子即使处于静止状态也具有 mc^2 的能量，所以只要粒子的质量是正的，那么它的能量也必然是正的。

在这里，让我们回忆一下有关量子力学“真空”的问题。如果存在能量为“负”值的粒子，就会引起麻烦。

量子力学认为，真空中可以产生粒子对和湮灭。从真空借来能量瞬间创造粒子，消失后把能量还给真空。根据方程式 $E = mc^2$，能量和质量是可以互相转换的。因为质量通常为“正”值，所以粒子的质量当然也为“正”的。因此，凭空产生的粒子会发生湮灭现象。因为凭空产生了具有正能量的粒子对，所以能量增加了。由于这种现象违背了能量守恒定律，因此在不定性原理允许的限制时间内，凭空产生的粒子对必须发生湮灭。也就是说，正因为粒子具有“正”的能量，所以即使产生粒子对，真空也能保持稳定的状态。

那么，如果产生的粒子对中有一方具有“负”能量，情况会如何呢？由于粒子的“正”“负”能量互相抵消，即使不发生湮灭也符合能量守恒定律。因为没有必要把“借款”还给真空，所以产生的粒子对也可以带着能量逃往不同的方向。由于不消失的粒子不断产生，所以已经不能称之为“真空”了吧？也就是说，真空的环境将会遭到破坏。为了维持真空的稳定，粒子的能量不能取“负”值，这点极其重要。

2. 在黑洞中能量将变为“负”值

实际上，在平稳的空间中，粒子的能量通常为正值，这能保证真空的稳定性。然而，霍金发现黑洞的存在会改变这种状况。因为落入黑洞中的粒子可以具有负能量，所以只要产生的粒子或反粒子中的一方落入黑洞，即使不发生湮灭也可以保持能量守恒。接下来我将解释其中的理由，如果你觉得难以理解，也可以直接跳读到一下节（导致黑洞蒸发的“霍金辐射”）。

我在前面曾讲过，越是靠近黑洞，对于远方的观测者而言时间看上去越慢。如图 7-1 所示，我们用箭头符号来表示位于远方的观测者所看到的时间流动。

纵轴表示处于那个位置的人实际感受到的时间，横轴表示空间。空间当然是三维的，不过我们这里只表示与黑洞的距离。位于中央的 45 度斜线为视界，其左上方是黑洞内部。随着不断向图的右端移动，将逐渐远离黑洞，因此引力变弱，时间的流动趋于正常。最右侧的箭头指向正上方，表示对于保持不动的人而言，空间方向上的位置不会

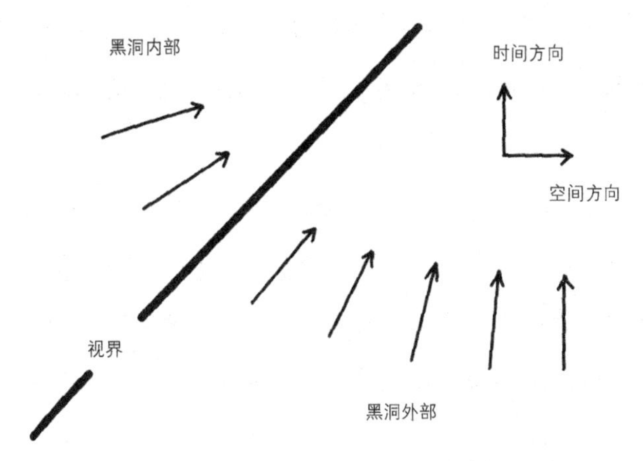

图 7-1　在黑洞内部，时间的流动偏向空间的方向

改变，只是时间从过去流向未来。

然而，随着不断接近黑洞，箭头会向空间方向倾斜。沿着箭头的方向前进，不仅时间发生了变化，在空间方向上也发生了移动。这是因为速度的存在。箭头倾斜得越厉害，表明速度变得越快，也就是说存在加速度。根据爱因斯坦“最棒的灵感”，加速度的存在等同于引力的存在。该图表明，箭头不断倾斜表示加速度不断变大，也就是引力不断变强。

然而，根据广义相对论，随着速度的变快，时间应该变慢。由于随着不断接近黑洞，箭头向空间方向倾斜，速度不断加快，因此时间会不断变慢。在第四章围绕“视界”的思想实验中，我去探索黑洞的时间变慢，以及电子邮件发送滞后的现象也可以通过箭头的变化来解释。

当到达视界的时候，速度刚好等于光速。在该图中，45 度的倾斜表示光速。当速度加速到光速，时间的滞后会发展到极限，将会进入“时间完全不动的状态”。时间将会在空间方向上“睡着”，不再向前流动。之所以去黑洞探索的我在视界上看上去静止不动，也是出于这个理由。

当我跨过视界进入黑洞内部，将会从远方观测者的视野中消失。因为此时箭头会进一步向空间方向倾斜，从而超过了光速。因为箭头以超光速运动，所以从那里发射出的信号无法到达位于远方的观测者。那么此时的能量情况如何呢?

我在本章开头讲过，和相对论中时间和空间的组合一样，能量和动能也具有类似的关系。能量从某种意义上讲，就是“时间方向上的动量”。那么，在黑洞外部时间方向上的流动跨越过视界后，会发生在空间方向上“睡去”的现象，能量开始出现动量那样的举动。因为动量能够在空间内左右移动，所以它的值既可以为“正”，也可以为“负”。因此，进入黑洞内部的粒子的能量也可以为负值。

3. 导致黑洞蒸发的“霍金辐射”

在这里，霍金思考了这样的问题。如图 7–2 所示，如果在视界附近凭空产生的粒子对中的一方落入黑洞内部，情况会如何？

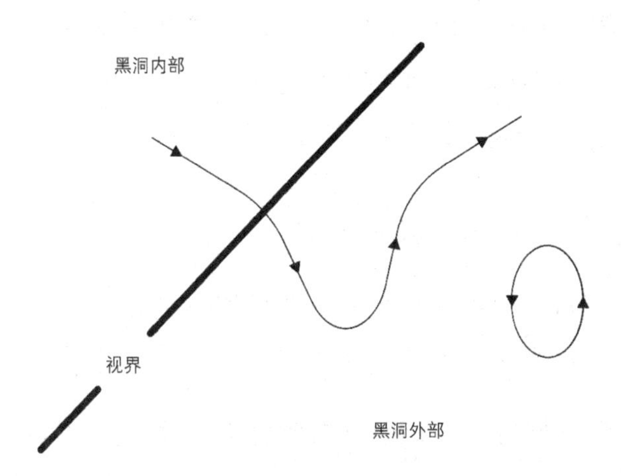

图 7–2　如果凭空产生的粒子对中的反粒子带着负能量落入黑洞内部，就会发生霍金辐射

因为落入视界内侧的粒子可以携带负能量，所以即使保持这种状态不变，也不会违反能量守恒定律。因此，该粒子没有必要与视界外

侧的粒子发生相互湮灭。因为只要在视界外侧其逃逸速度就比光速慢，留在外面的粒子只要拥有足够的能量，就能挣脱黑洞的引力，带着正能量飞走。

这就是所谓的“真空极化”。具体来讲，真空极化效应会导致黑洞“蒸发”。为什么这么说呢？因为带有负能量的粒子不断进入黑洞，黑洞会不断失去相应的能量而变小。看上去就好像是黑洞不断发射粒子而变小。我们称之为“霍金辐射”。这个辐射会导致黑洞慢慢失去质量，最后就像蒸发了一样而消失。霍金将广义相对论和量子力学应用于黑洞，得出了如此令人震惊的结论。

4. 宇宙背景辐射的“涨落”证明了霍金理论

不过，我们还没有观测到黑洞的霍金辐射。但是已经有观测结果证明霍金理论是正确的。这一现象与大爆炸的“余烬”微波的“涨落”机制相同。

由伽莫夫预言、彭齐亚斯和威尔逊发现的微波，可以传播到宇宙的所有方向，因此称之为“宇宙微波背景辐射”。但是，这一辐射并不是完全均等地扩散至整个宇宙的。在辐射的过程中，存在 100 万分之一的微小“涨落”。图 7–3 是 NASA 的宇宙探测器 WMAP 提供的涨落观测结果。

图 7–3 宇宙微波背景辐射的涨落

涨落的起源存在于宇宙诞生的瞬间。

现在的主流宇宙论认为，在大爆炸发生之前，宇宙处于“暴涨”的急速膨胀状态。1981 年，日本的佐藤胜彦和美国的阿兰・古斯各自单独提出了这一理论。

据说在宇宙暴涨的过程中，宇宙体积是以指数函数倍增膨胀的，在短短的 10^{-36} 秒到 10^{-33} 秒内，宇宙膨胀到了 10^{78} 倍。这一暴涨决定了此后发生大爆炸的初期条件。

因为宇宙短时间内膨胀到了如此之大，所以它的速度超过了光速。于是，如前文所述，出现了光所到达不了的“宇宙的地平线”。它与黑洞的视界是一样的。如果在其附近凭空产生粒子对，其中带负能量的一方将被吸入地平线内，外侧留下带有正能量的粒子。

这对粒子在宇宙空间内创造出微妙的“褶皱”。因为它会在宇宙暴涨的过程中扩展到整个宇宙，所以大爆炸的“火球”在温度上也产生了微妙的涨落。由于这一涨落与整个宇宙产生了共振，因此“火球”的余烬宇宙微波背景辐射中也残留一定的涨落。结合关于黑洞蒸发的霍金理论和暴涨理论，也可以预测这一涨落的高低。人造卫星的天文观测结果表明，宇宙微波背景辐射的涨落与预测值完全一致。

虽然也有评论称佐藤和古斯的暴涨理论“无法验证”，但是这一观测结果证明了这个理论。又因为该现象与黑洞的蒸发类似，所以也证明了霍金辐射的逻辑是正确的。在此之前，广义相对论和量子力学都是各自单独得到验证，这里首次验证了二者结合后产生的预言。从这一点上讲，宇宙微波背景辐射的观测也具有极其重要的意义。利用COBE 探测器进行观测微波涨落实验的领袖约翰·马瑟和乔治·斯穆特于 2006 年获得了诺贝尔奖。

顺便介绍一下，这一“涨落”对于思考我们的存在也有很大的意义。宇宙的涨落造就了空间的疏密，密度高的地方集中物质产生了星体和星系。

也就是说，初期宇宙的涨落是星星的“种子”。如果没有这一涨落就不会出现星星，因此也不会诞生我们人类吧。我们的存在源于大爆炸之前产生的“量子涨落”。

5. 把书投入黑洞之后，其内容还能再现吗？

虽然观测结果验证了霍金理论的正确性，但是我们并不能一味地为之狂喜。因为这个结果引出了极为棘手的新问题。它不仅困扰着引力理论和基本粒子理论的专家，还让所有科学的基础都面临着被颠覆的重大危机。

无论是物理学还是化学、生物学，自然科学的基础中都含有“因果律”。只要了解宇宙现在的状态，就能根据自然法则预言理论上未来将会发生的一切。另外，过去的状态也能由现在的状态推导出来。如果这些基础中没有因果律，科学就不会成立。

“根据量子力学的不确定性原理，因果律是过去的遗物”，虽然也有这种说法，但是它们并不相同。不确定性原理确实认为无法同时确定粒子的位置和速度，不过量子力学也遵循因果律，例如电波的状态会随着时间的流逝而发展。

当导出我们能够观测的信息时，位置和速度等物理量就会存在不确定性，这正说明了波的发展方式不违背因果律。确立量子力学以后，因果律仍是科学的基础。

黑洞的霍金辐射会给因果律带来怎样的震动呢？为了浅显易懂地介绍因果律，我在这里将其比喻为包含很多信息的“书”。

在雷·布拉德伯里的科幻小说《华氏 451 度》所描述的社会里，禁止民众持有书籍，所有书本全都由消防员用华氏 451 度（纸张起火的温度）烧毁。

但是，因为燃烧的过程遵循通常的物理法则，所以理论上可以实现时间反转。在第四章开头曾预言存在黑洞的拉普拉斯将在这里再次亮相。拉普拉斯为了解释因果律，思考了下面的问题。如果具有超人的信息收集能力和计算能力，即使将书烧掉，应该也可以完美地记录从火焰中放射出的物质以及残余的纸灰，通过物理法则可以倒带似地推导出过去的状态，从而可以再现书的内容。这一科学假设被称为“拉普拉斯妖”。

那么，如果《华氏451度》的消防员将从非法持有者那里没收来的书投入黑洞，情况将会如何呢？此时黑洞的质量增加了一本书的分量。但是，由于霍金辐射会使黑洞不断失去能量，所以书的分量也会很快消失，黑洞回到原来的质量。书的质量会因霍金辐射而散失，即使接着投入其他书本，如果书的质量相同，那么返回的霍金辐射的内容，与投入上一本时的一模一样。因为根据霍金的计算，黑洞的辐射为正确的热分布，它只由质量决定。

因此，投入黑洞的物体所携带的信息会完全消失。根据霍金的计算，即使观测所有黑洞的辐射（收集书的纸灰进行分析），也无法判断是过去投入黑洞的哪一本，因而无法再现该书的内容。这有悖于因果律——这就是霍金提出的“黑洞信息丢失问题”。

霍金在进行该项计算的时候，完全没有修正广义相对论和量子力学（假设这两个理论不存在矛盾）。在这种情况下，黑洞辐射看上去似乎不包含任何信息。实际上，只要同时使用这两个理论就要面对无穷大的问题。尽管如此，硬是直接使用这两个理论的做法，可以说是激进的保守主义吧。如果在设想之外的情况下使用，就会出现违背因果律的结果。也就是说，想要跨过这道难关，需要超越相对论和量子力学的新理论。

“新理论”的第一候选便是超弦理论，这是理所当然的。如果超弦理论是统一相对论和量子力学的理论，那么应该会得出这个难题的解答吧。也就是说，“黑洞信息丢失问题”似乎是霍金向超弦理论发出的“战书”。

6. 到底能否出现 $10^{10^{78}}$ 个状态数

那么，超弦理论是如何回答这个问题的呢？

为了再现被投进黑洞的书，黑洞需要记住书的内容。因此，首先让我们想一下有多少信息能够写入黑洞。

一般来讲，能够写入多少信息取决于具有多少“状态数”。例如计算机的磁性记忆装置，其记忆机制是将信息转化成磁体的磁化模式。此时能够记忆的信息量由磁化模式的数量决定。如果认为每个磁化模式为记忆装置的状态，磁化模式的数量就叫作“状态数”。

我家的桌子上堆积着很多书和文件。因为我知道哪里有什么，所以即使再乱也没有问题。如果妻子问我“上个月的电话费账单在哪里”，我可以马上拿给她。但是，对于我妻子而言，她看到只是未经收拾的杂乱状态吧。

如果桌子上有10本书，那么堆积方式大约有360万种（不相信这个数字的人，请计算$10 \times 9 \times 8 \times 7 \cdots \times 2 \times 1$）。因为桌子上的书不止10本，所以实际的“状态数”是个天文数字。对于堆积那些书的我自己而言，现在的状态与其他状态具有不同的意义，然而对于我的妻子而言，无论以何种顺序堆积，她看到的只有叫作“杂乱”的这一种状态。

就连我的桌子上都如此多样，自然界中的状态数就更多了。例如在一个气压摄氏零度的空气中，每一立方厘米含有2700×10^{16}个分子。无论这些分子如何排列，我们只能看到相同的空气，如果考虑其中每个分子的精确状态，就会发现整个空气的远处具有膨胀模式。虽然宏观看上去只有一种状态，但是微观观测发现具有很多“可能状态”。

那么，换作黑洞情况又会如何呢？

一般来讲，只要提高能量就会增加可能状态数。因为能量越高粒子的活动就越活跃。因此在通常的物理法则中，将增加能量时可能状态数的增多程度定义为“温度”。

霍金通过计算向我们展示了某一质量的黑洞发热时的温度变化。根据$E = mc^2$，因为质量等同于能量，所以如果黑洞的温度遵循通常的物理法则，那么使用霍金的公式应该可以倒算出它的状态数。黑洞的“可能状态数”非常庞大，只要质量增加，状态数也会随之增加。

以此为前提，可以计算出黑洞具有多少可能状态。例如由星体的引力坍塌所产生的黑洞的质量大约为 10^{31} 千克。另外根据霍金的公式计算出黑洞具有 $10^{10^{78}}$ 个状态数。光是 10^{78} 就已经大得出人意料了。在通常的记数法中，最大的数量为无量大数，它的数值为 10^{68}，然而霍金的计算结果比无量大数还要大 10 位数。

由于难以推断如此庞大的数，让我们用《大英百科全书》与之比较一下吧。该书大约包含 3 亿个拉丁字母。3 亿个拉丁字母的排列方法大约有 10 的“10^9”（也就是 10^{10^9}）种组合。大英百科全书中也罗列了没有意义的文字，写入这些信息还是能够做到的。

那么，黑洞的可能状态数为大英百科全书册数的 10^{69}。顺便介绍一下，根据 Google Books 的数据统计，目前全世界共有 1 亿 3000 万题材的书籍，即使将其信息量估计得多一些，就算每本书都与大英百科全书相同，地球上的书的信息量也只有 $10^{10^{17}}$。那么，单纯的一个黑洞就能写入比人类此前记在书中的知识的 10^{61} 倍还要多的信息。

如果黑洞的蒸发与书的燃烧遵循相同的物理法则，那么一个黑洞必须能够具有如此庞大的状态数。另外，如果可以出现如此庞大的状态数，或许“记忆”投入黑洞中的书的内容就会变得简单。

那么，黑洞中真的存在如此之多的状态吗？单凭通常的爱因斯坦理论无法回答这个问题。黑洞为爱因斯坦方程的史瓦西解，在那连光都无法逃逸的黑暗球面上，看上去那里没有任何特征。

只要不是融合了量子力学的理论，就无法统计微观状态数。如果超弦理论与量子力学成功融合，当统计出黑洞的微观状态数时，就应该能回答是否可以再现 $10^{10^{78}}$ 这个数字了。如果没有这么多的状态数，那么就意味着理论融合失败，或者通常的物理法则不能适用于黑洞的蒸发，破坏了因果律。

7. 假想“二维的膜”“三维的立体”，打开突破口

尝试融合广义相对论和量子力学的理论并非只有超弦理论。虽然最有前途的是超弦理论，但除此之外还有其他理论，例如“循环量子引力理论”。

如果其他统一理论解决了黑洞信息丢失问题，那么它将比超弦理论更具权威性。但是，也许也因为循环量子引力理论还没有充分发展

起来，粗略的计算得到了错误的答案。不过，超弦理论也在很长的一段时间里无法回应霍金的挑战。因为该理论不知道如何理解黑洞的问题。

1995 年，也就是第一次超弦理论革命过去了约十年，超弦理论打开了新的突破口。当年在洛杉矶召开了超弦理论国际会议，领衔该领域发展的爱德华·威腾在会上公布了划时代的构想。

此前的超弦理论认为，基本粒子不是“点”而是“一维的弦”。但是，不是“点”的粒子不仅可以认为是一维的，应该也可以是“二维的膜”或者“三维的立体”等。毕竟空间具有九个维度，基本粒子也有很多高维度的选择。即使将基本粒子的维度扩展到四维、五维、六维等高维度也可以吧？

在 1995 年以前，也并不是没有这样的构想。但是，由于创立这样的理论非常困难，因此几乎所有研究者对此持消极态度。威腾提出了积极思考这一切的想法。

由爱因斯坦的引力方程推导出的黑洞的解，表示质量集中于某点（零维）。但是，解开超弦理论的方程后发现，除了在零维集中质量的黑洞之外，还存在线（一维）、面（二维）、立体（三维）等质量集中的解。威腾主张思考所有解，从此揭开了“第二次超弦理论革命”的序幕。

这里假想的各种“膜”叫作 brane，这个新词出自表示二维膜的英语单词 membrane。在威腾公布自己的新构想之前，就已经存在这个词了。剑桥大学的保罗·汤森德就是在威腾之前思考各种“膜”的先驱者之一，他把零维的点叫作 0-brane，一维的线为 1-brane、二维的膜为 2-brane……一般来讲，p 维度（p 表示 0、1、2 维度的整数）的膜就称为 p-brane。（顺便介绍一下，英语的 pea 是“豆”的意思，pea · brain 就是豆头，傻瓜之意。虽然拼写不同，但是与 p-brane 的读音相同。这也体现了英式幽默。）

8. 贴在黑洞表面的“开弦”

黑洞的问题就已经够难了，现在又蹦出各种各样的 brane，你或许觉得这只会让问题变得更加复杂。不过，物理学中经常出现通过拓展问题更好得把握整体，从而一举解决问题的情况。威腾的构想让很多研究者重新意识到了它的重要性，他们开始为发现新的天地而努力。召开完那届国际会议的几个月后，有希望的想法闪亮登场。约瑟夫·捂钦斯基提出了将 brane 引入超弦理论的重要想法。他把超弦理论中的“膜”命名为“D 膜”（D-brane）（“D”来源于 19 世纪的数学家古斯塔夫·狄利克雷（Gustav Dirichlet）的名字首字母）。

捂钦斯基的想法之所以新颖，是因为他提出了“开弦”的概念。

此前关于超弦理论的主流研究认为，作为基本粒子的 string 是类似于“闭合的圆环”的东西。传递引力的基本粒子叫作引力子，米谷民明、谢尔克和施瓦茨的发现也表明，它是闭弦的某种振动方式（图 6–3）。

在捂钦斯基提出 D 膜的想法之前，超弦理论的研究主要限定在这种“闭弦”上。但是捂钦斯基认为，也可存在“具有两端的开弦”。这是为什么呢?

如图 7–4 所示，假设有很多闭弦徘徊在黑洞的附近。黑洞的表面为视界，我们从远方无法观测它里面的情况。因此，闭弦的一半偶尔会越过视界进入其中，如果从远方对其进行观察，看上去就好像“具有两端的弦”贴在黑洞的表面。通过这样的观察，捂钦斯基认为开弦的端点贴在黑洞的表面。其他的 brane 也是开弦的端点贴在黑洞的表面。

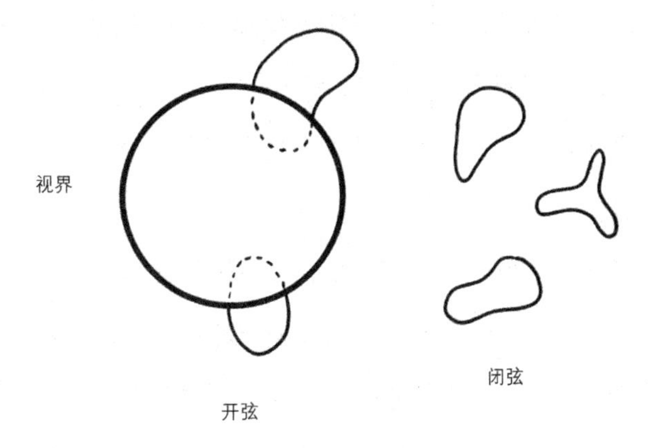

图 7-4　当闭弦的一部分进入视界的内部，看上去就好像具有两端的开弦贴在黑洞上

9. 根据通常的物理法则可以计算出巨大的黑洞

由此我们发现，可以将贴在表面的弦视为黑洞的“自由度”。在物理学中，用自由度这一概念来表示物体的状态。例如某个房间里的空气的自由度为每个分子的位置。如果确定了分子的位置，也就完全确定了空气的状态。

捃钦斯基的想法告诉我们，黑洞的自由度为贴在其表面的弦。如果知道自由度，也就知道了黑洞具有何种状态，从而可以计算出其状态的总数（也就是写入黑洞的信息量）。

例如我的微观自由度就是构成我身体的原子。因此我们也可以把贴在黑洞表面的弦比喻为黑洞的“原子”。

根据空气的分子可以从微观的角度推导出热和温度等性质，同样根据作为“原子”的开弦，应该也可以从微观的角度理解黑洞的发热。

最初进行该计算的是哈佛大学的安地・斯特罗明格和库姆兰・瓦法。他们二人将量子力学的法则应用于贴在黑洞表面的弦的运动，计算出了它的状态数。

虽然计算出的是近似值，但其结果与霍金在黑洞变大到极限情况下计算状态数的期望值（刚才讲到的 $10^{10\char`^78}$）一致。因此表明，霍金辐射可以根据通常的物理法则来计算关于质量巨大的黑洞的问题。

该项研究成果是解决黑洞信息丢失问题的重要方法之一。那么，接下来自然需要证明无论多大尺寸的黑洞都可以进行相同的计算。

本来在统一量子力学和广义相对论的研究中，理解微小黑洞的状态就尤为重要。因为这两个理论的紧张关系在“普朗克长度”的领域表现得最为尖锐。

在前面解释宇宙的“芯”时曾讲到，当利用加速器使粒子的波长超越“普朗克长度”的时候，就可以忽略对撞时产生的黑洞效果。但是波长比“普朗克长度”越短，其能量就越高，黑洞的视界也会变得更大，从而会掩盖量子现象。也就是说，相对论（黑洞）和量子力学（波粒子）在“普朗克长度”这一分界线展开了激烈的斗争。因此，当粒子的波长和黑洞的大小在“普朗克长度”上基本一致的时候，超弦理论才会体现出其真正的价值。

10. 利用“拓扑弦理论”计算微小的黑洞！

如果能够知悉这种大小的黑洞会发生什么，信息丢失问题的解决也自然会向前迈出一大步。但是，在微小黑洞附近，引力场的量子涨落很大，霍金的计算会随之发生巨大的变化，因此计算状态数并非易事。

其实，我和三位共同研究者于1993年公布的“拓扑弦理论”正是解决问题的关键。

我得到这一启示是在10年后的2003年的夏季，在纽约召开的研讨会上，我聆听了后来获得菲尔兹奖的数学家安德烈·奥昆科夫的演讲，当时他说了这样的话：

“拓扑弦理论的计算涉及了堆积积木有多少种状态的计算问题。”

说起“计算状态数”，它是黑洞信息丢失问题中的关键词之一。奥昆科夫的话让我想到，我们自己创立的拓扑弦理论与黑洞的状态数存在联系。

于是我访问了哈佛大学，最初我会见了计算出黑洞状态数近似值的斯特罗明格和瓦法，随后经过一年的共同研究，我们发现拓扑弦理论可以计算所有尺寸的黑洞的状态数。计算结果表明，黑洞的状态数与因果律推导的期望值完全一致。无论多么微小的黑洞，霍金辐射都遵循通常的物理法则。另外，我们发现投入视界对面的书，它的内容可以写入黑洞。

该结果还表明，三维空间内的黑洞的量子力学状态，与曲卷于狭小空间而看不到的六维空间的几何学性质之间存在密切的关系。我在读研一的时候，特别想知道在六维空间的性质中自然法则是如何写入的，于是成为了该领域的研究者。完成这一有关黑洞的工作后，我想我终于能在当时的目标方向上迈出一步了。

但是，黑洞的信息丢失问题并没有就此结束。首先，在黑洞蒸发的时候，写入黑洞的信息是否会外泄便是一个问题。如果出现信息外泄的话，那么是否能够通过分析黑洞的辐射（如同收集燃烧后的书灰进行复原）来还原信息？如果不能回答这个问题，就无法解决因果律的问题。

11. 熵与表面积成正比，而不是与体积成正比的奇妙现象

某一奇妙的计算结果让我们找到了解决这个问题的头绪。那就是霍金的计算与超弦理论的计算达成一致的黑洞状态数不与黑洞的体积成正比，而是与其“表面积”成正比。

为什么说这个计算结果“奇妙”呢？

例如，假设当我妻子对我那堆满书和文件的桌子实在看不过去的时候，她又买来了一张面积相同的桌子。结果，本以为杂乱的情形会变得稍微整齐一些，但事实上在扩大的使用面积上进一步增加了书和文件，反而变得比以前更乱。

此时桌上的书和文件的堆积模式变成了一半面积时的“二次方”。前面讲到，10 本书的堆积方式大约有 360 万种。当桌子变成 2 张的

时候，会打造出另外一座“山”。一张桌子上的书籍堆积方式为360万种，另外一张桌子也同样有360万种，因此整体的堆积模式为360万 ×360万，也就是360万的“二次方”。如果我妻子看到桌子变得更加杂乱后，再买八张桌子的话，面积就变成了当初的10倍，书的堆积模式就变成了360万的十次方。

这种用对数表示“状态数”的函数叫作“熵”。使用对数可以将二次方表示为“2倍”、十次方表示为“10倍”，这样数字看起来就变小了，因此用对数熵来思考庞大的状态数更容易使人理解。例如在刚才的例子中，如果桌子的面积变成原来的2倍，那么堆积书的熵也变成原来的2倍，面积变成10倍的话，熵也变成10倍。因此熵与面积成正比。

不过，熵并不是一直与“面积”成正比。一般来讲，它会与“范围”的大小成正比增加。例如，你现在阅读本书所处的房间中的空气的熵，与房间的体积成正比。

由于投入黑洞的书越过视界落入了黑洞的内部，因此相关的“范围”仅为黑洞表面。因为黑洞的熵表示其内部发生的现象，所以自然会认为它与其中的“体积”成正比。

然而通过计算发现，黑洞的熵与视界的大小，也就是黑洞的“表面积”成正比。投入黑洞的书的内容明明应该在黑洞内部，然而看上去信息只落在其表面。

掊钦斯基提出的“开弦”确实贴在黑洞的表面，因为它是决定状态数的自由度，所以熵与表面积成正比也并非不可思议。但是，由于黑洞是三维立体的，因此不与体积成正比的现象只能说是奇妙了。感觉就像在视界内部发生的现象被映到了黑洞的表面，并在此被记录下来。

12. 一切现象都被映到了二维的银幕上

这一令人不可思议的事实引出了某种新的观点。该观点认为，发生在黑洞中的现象，其表面全都“知道”。也就是说，黑洞的表面就像电影的银幕，单凭银幕上放映的信息就能解释其内部发生的一切。

曾获得诺贝尔奖的荷兰物理学家赫拉尔杜斯·霍夫特和斯坦福大学的伦纳德·萨斯坎德进一步普及了这一观点。他们二人认为，不仅仅局限于黑洞，所有在三维空间某一范围内发生的引力现象都被投影到相应空间的边际，从而可以将其理解为在二维银幕上发生的现象。

你或许会认为他们的观点有些荒唐。下面我来解释一下吧。

例如，假设现在你正在房间内阅读这本书。那里当然存在引力的

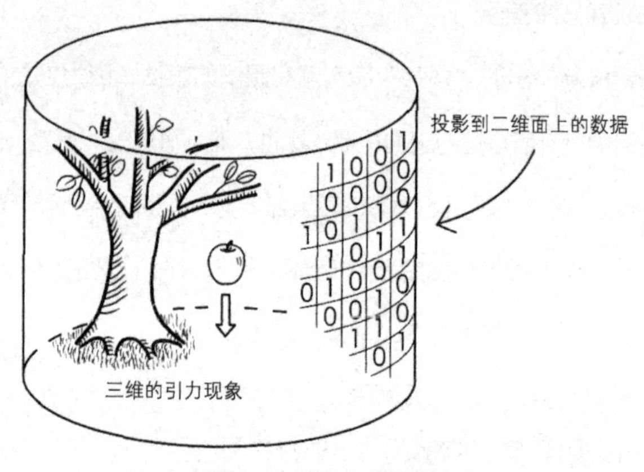

图 7–5　引力全息原理

作用。那里发生的一切都是“在某一空间范围内发生的引力现象”。虽然这些信息写入了三维空间之中，但是可以将其投影到二维的“墙壁”上表现出来。这本书的内容自然就不用说了，连房间内的家具、空气以及你自身也都写入了二维的银幕。

在光学领域中，自古以来就有“全息图”的概念。该图反应的是用记录到二维平面上的干涉条纹再现三维立体像的方法。借用光学术语，霍夫特和萨斯坎德的观点被命名为“引力的全息原理”。1996 年原籍阿根廷的理论物理学家胡安·马尔达塞纳指出，全息原理在超弦理论中是成立的。

虽然该原理是根据基本法则推导出来的，但是它确实是一个令人不可思议的理论。

我曾在本书的前半部分说过，“引力是幻想”。爱因斯坦的“最棒的灵感”告诉我们，只要改变观测方式，引力就可以消失。

但是，根据全息原理，幻想并非只是引力。我们所生活的空间也可以说是某种“幻想”。

我们感觉由纵、横、高三个信息确定位置的三维空间是真实的，然而从全息原理的角度看，这只不过相当于感觉全息图是“立体”的。也就是说，把在位于空间边际的二维平面上发生的现象，幻想成是在三维空间发生的。

但是另一方面，如果从三维的引力理论的角度看，位于空间边际的银幕所映出的现象，只不过是将三维空间内发生的现象变换成二维的罢了。若是将其视为“真实”的话，就好比在柏拉图的“洞穴之喻”中出现的人们。在这个比喻中，人们从小就被捆绑手脚，连头都不能转动，柏拉图认为他们只能看到映在洞穴墙壁上的影子。只能看到影子的人们坚信那些影子为真实的事物（柏拉图同样认为，我们在现实世界看到的事物只不过是理念世界的影子）。

13. 黑洞信息丢失问题变成了量子力学的单独问题

通常我们或许会认为，影子是“幻想”，而立体的世界是“现实”。但是根据全息原理的出现，这两个到底哪一方是本质的问题本身就失去了意义。

这与问光或电子“是粒子还是波”的问题一样没有意义。因为它们具有波粒二象性，所以认为它们是“粒子”近似真实，认为它们是“波”也近似真实。因此，同一现象既可以将其视为三维空间内的引力现象，又可以将其理解为投影到银幕上的二维世界的现象。任何一方的看法都是正确的，这并不是一个二选一的选择题。只要根据当时的具体条件，逐一进行更加简单方便的说明就可以了。我们研究者认为，空间的概念并不是恒久不变的，应该用更加基础的概念来代替它。

那么，这里所讲的全息原理在解决“黑洞信息丢失问题”上是如何发挥作用的呢？

这里关键在于全息原理中出现的“银幕上的二维世界”没有“引力”。因为引力是由振动的“闭弦”进行传递的，而黑洞的表面只有

“开弦”。由于全息原理只挑选了“开弦”进行记述，因此它不包含引力。

霍金直接使用爱因斯坦的引力理论和量子力学提出了问题，然而最终引力“消失”了。总而言之，三维空间的“广义相对论＋量子力学”的问题，最终被“翻译”成了只含二维空间的量子力学的问题。

既然是与引力无关的理论，那么从理论上讲信息绝不会丢失。例如烧毁书籍的情况，从技术层面把书的灰还原成书中信息几乎是不可能的，但从理论上讲，“拉普拉斯妖”可以将复原变为可能。同理，从技术上很难计算的量子力学问题，也可以从理论上证明信息不会丢失。因此，可以用基本相同的力学解释说明黑洞蒸发的过程和烧毁书籍的过程。

在科幻小说的世界中，可以利用吞噬一切的黑洞来消灭犯罪证据。但是，向黑洞投入证据与用碎纸机粉碎后烧掉垃圾是一样的。虽然现实中无法复原，但是科幻小说中的搜查当局会雇佣超弦理论版的“拉普拉斯妖”，收集所有来自黑洞的辐射。只要经过相应的分析处理，就可以再现证据中的信息了。

14. 霍金向赌局的胜者赠送百科全书

阅读到这里，我想会有很多人感觉自己中魔了。在苦苦寻觅引力之谜的路上，走到爱因斯坦理论的界限之后，正在期待相对论和量子力学如何融合的时候，最后引力却消失了，因此很多人都会为之瞠目结舌吧。我们也听到有声音称：“既然这样，从一开始就不用考虑引力了吧？”

之前我在加州理工学院教授引力理论的时候，最后一节课也讲到了全息原理，其中一位学生举手说道：“那么，我们努力学习的这些东西到底是什么呢？”

不过，得到这样的结果并不意味着不需要引力理论了。与牛顿的速度合成定理在解释日常现象中的作用一样，在理解宏观空间如何形成的问题上，引力理论是非常必要的。

在涉及微观世界的超弦理论中，量子力学在某种意义上获得了“胜利”。消除广义相对论和量子力学之间矛盾的结果是，量子力学可以照常使用，相对论要做出相应调整。可以说这与爱因斯坦消除牛顿力学和麦克斯韦电磁学之间矛盾的时候一样，在狭义相对论中可以照常使用麦克斯韦理论，而变更了牛顿的速度合成定理。

这对于超弦理论可谓巨大的成功。黑洞蒸发导致破坏因果律的观点被驳斥得体无完肤。而且，下一章还会出现意外的惊喜。

其实，有一场象征这一结果的“比赛”。针对黑洞信息丢失问题将如何收场，斯蒂芬·霍金、基普·索恩和约翰·普雷斯基这三位著名的物理学家设置了一个赌局。具体内容如下：

> 斯蒂芬·霍金和基普·索恩坚信被黑洞吞噬的信息会永远从其外侧的宇宙中隐藏起来，即使黑洞因蒸发而最终消失，信息也不会再次出现。
>
> 约翰·普雷斯基认为当引力理论被正确量子化的时候，肯定能发现信息从蒸发的黑洞中释放出来的过程。
>
> 普雷斯基提出了下面的赌局方案，霍金和索恩表示接受。
>
> “对于由引力坍塌产生的黑洞，纯粹的量子状态在黑洞蒸发后仍是纯粹的量子状态。”
>
> 这个赌局的失败者要向胜利者赠送百科全书，让胜利者在任何时候都能随意抽取想要的信息。
>
> 加利福尼亚州帕萨迪纳市
>
> 1997 年 2 月 6 日
>
> 斯蒂芬·霍金　基普·索恩　约翰·普雷斯基

在引力理论的研究领域，霍金和索恩都是经验丰富的研究者。索恩也是加州理工学院引力波天文台项目的创立者，在引力理论领域颇具权威。因此，他站在了相对论的一侧。而对立方的普雷斯基因为是基本粒子论出身，所以他站在了量子力学的一侧。

赌局文书中提到的“蒸发后仍为纯粹的量子状态”是什么意思呢？你只要将其理解为那是用专门术语来表达“信息不会丢失”就可以了。这是量子力学的基本原理。霍金和索恩认为在黑洞蒸发的时候该理论不成立，应该保持相对论不变而对量子力学的基本原理进行修正。与之相对，普雷斯基主张不改动量子力学，应该变更相对论。

这场赌局公布七年以后，霍金承认自己的失败。在此期间，霍金一直研究马尔达塞纳提出的超弦理论中的引力全息原理。估计他花了七年的时间去验证该原理是否存在漏洞或矛盾吧。实际上，他当初打算过撰写指出马尔达塞纳理论错误的论文。

但是 2004 年霍金承认了这一理论。对于由引力坍塌产生的黑洞，纯粹的量子状态在黑洞蒸发后仍是纯粹的量子状态，既不会丢失信息，也不会破坏因果律。在赌局中败北的霍金按照约定，赠予普雷斯基一套他非常喜欢的百科全书。据说这套百科全书不是大英百科全书，而是“棒球百科全书”。

第八章

世界最为深奥的真相——超弦理论的可能性

1.全息原理的意外应用

目前超弦理论尚属发展中的理论。我们在黑洞信息丢失问题上，已经了解到量子力学可以照常使用，相对论需要进行变更，然而广义相对论和量子力学的融合工作并未就此完成。我们只是确认了在实现这两个理论的统一上，超弦理论是极具希望和前途的。

不过我们发现，全息原理让超弦理论表现出意想不到的应用形式。该理论不仅仅解决了将引力的奥秘翻译成不含引力理论的问题，还将从技术层面难以解决的量子力学问题翻译成了引力理论，让用爱因斯坦的几何学方法解此难题变为可能。这或许可以说是该理论的威力所在。

其中之一的应用便是围绕“夸克－胶子等离子态”（quark-gluon plasma，简称 QGP）的性质问题。

2005 年 4 月，位于纽约长岛的布鲁克海文国家实验室（BNL）公布了当时的实验成果。金的原子核以光速的 99.995% 的速度进行撞击，质子和中子中的夸克被释放出来后，可以创造出等离子态的 QGP。胶子（gluon）是传递夸克之间“强相互作用力”的基本粒子。

等离子态（plasma）被认为是初期宇宙物质状态的再现，然而通过实际的制作发现，它具有令人震惊的性质。一般来讲，等离子态的粒子是自由地飞来飞去的。然而令人不可思议的是，QGP 的夸克和胶子并非任意交错乱飞，而是好像液体的东西，而且这种液体几乎没有黏性。这就是所谓的“理想流体”。

这一实验结果对于基本粒子的研究者而言，是完全出乎意料的。传递夸克之间力的粒子因具有“胶”的含义而将其命名为“胶子”，所以夸克之间具有极强的相互作用。然而变成等离子态后会失去黏性，这实在是太意外了，而且其黏性比此前在地球上发现的任何物质都低。

不过，其实在公布该实验结果的一年前，就有研究者预言了这一现象。原籍越南的理论物理学家达姆·宋（Đàm Thanh Sơn）的团队利用超弦理论的全息原理，阐明了与 QGP 相似的液体的黏性非常小。

他们认为三维空间的等离子态是投影到四维空间边际的全息图。在黑洞信息丢失问题中，三维空间的引力现象被投影到了（低一个维度的）二维的银幕上，同理四维空间的引力现象也可以映在“三维的银幕”上。

因此，三维空间的银幕可以解释不含引力的力学，达姆他们将其逆向翻译成“四维空间的引力理论”。如上一章所述，全息原理不仅仅能将问题翻译成引力消失的量子力学，还可以把单凭量子力学解决困难的问题翻译成包含引力理论的问题，从而变得容易解决。经过如此一番计算后，得到了等离子态的黏性变低这一结果。

创造 QGP 的加速实验证明了这个理论上的预言。因此在布鲁克海文国家实验室的记者见面会上，美国能源部副部长雷蒙德·奥巴赫发表了以下的讲话：

“完全没有想到超弦理论与重离子对撞实验的关系，这让人激动不已。”

这是首次在实验团队的研究发表中谈及超弦理论。或许可以说，在那之前属于理论家的超弦理论终于登上了“实验”的舞台。由

CERN 的 LHC 开展的最新实验，也以很高的精度验证了达姆他们预言的黏性的值。物理学的进步就是要经过实验验证理论的预言、用理论解释实验中发现的新事实的过程，因此这是一个巨大的进步。

另外，超弦理论使用全息原理也正在弄清“高温超导体”的奇特性质。

所谓超导，就是金属等物质在冷却的时候电阻骤然变为零的现象。例如铝在热力学温度为 1 度（摄氏零下 272 度）的条件下就会进入超导状态。然而在 25 年前，我们发现了在温度远远高于此前的高温下（热力学温度在 100 度以上）表现出超导现象的物质，这给物理学领域带来了巨大的冲击。随即召开了美国物理学会，来自世界各地的研究者蜂拥而至，堪称物理学的“伍德斯托克”（Woodstock）。

但是，目前还没有能够解释这一现象的理论。因为解释普通的超导现象从最初的实验到理论的确立用了 47 年的时间，所以再过 20 年才能解开高温超导的谜题也不足为奇吧。不过，如果全息原理对此研究进展顺利的话，我们或许能够更快地了解高温超导的机理。

2. 宇宙不止一个，存在无数个宇宙?

不过，无论是 QGP 的性质也好，还是高温超导的理论也罢，应用的全息原理都不是超弦理论的“正题”。因为物理学的优美理论可以应用于很多意想不到的领域，所以全息原理的附属品活跃于多个领域并非一件坏事，然而这并不是超弦理论本来的目的。

那么，超弦理论的目标是什么呢?构筑“终极的统一理论”，这是不言而喻的。我们已经了解到宇宙这头洋葱具有不能继续剥皮的“芯”，因此必然存在解释这一现象的终极基本法则。发现这一基本法则便是超弦理论的目标。

不过，至于给出怎样的答案才能达成目标，这个问题未必是明确的。当然，如果能够统一相对论和量子力学、完美地导出基本粒子的标准模型，那就是巨大的成功。了解这个世界上所有物质的根源，阐明作用于其中的力的机理之后，或许能够明白我们的宇宙如何诞生，以及它接下来的命运。

另一方面，即使假设推导出了基本粒子的基本法则，也会残留这样的问题——这一基本法则具有理论上的必然性，还是偶然确定的?

并不是所有物理现象都能通过基本理论演绎出自始至终的机理。也存在受偶然左右的现象。例如古希腊的毕达哥拉斯学派认为，应该可以用音乐和几何学等优美的理论来解释太阳系行星的运动。就连17世纪发现行星运动法则的开普勒，也曾试图利用由柏拉图正多面体组合而成的模型，推导出行星的公转半径。

但是，牛顿的发现表明，根据基本原理解释所有行星轨道的尝试都是徒劳。行星的公转半径只不过是初建太阳系时偶然确定的。

那么，基本粒子的标准模型情况如何呢?

超弦理论根据六维空间的几何学，确定了三维空间的基本粒子模型，然而这里所使用的六维空间并不是一种，它可能有各种各样的形式。由于理论的技术还未成熟，所以很难有正确的推论，不过也存在一个暂定的计算结果，那就是它具有10^{500}种选择。

我们不知其中存在多少标准模型那样的理论。关于可行的理论种类是否真的多达10^{500}，研究者之间也存在分歧。但是，如果假设真有那么多的可能性，那么组成我们世界的基本粒子模型为什么会“被选中”呢？无论有多少种选择，这个宇宙现有的基本粒子模型都只是其中一种。

在其他的选择中，或许也存在电子的质量和胶子传递力等值有所差异的“标准模型”。不是那些标准模型，而偏偏是“这个标准模型”组成了我们的世界，这是必然还是偶然呢？

如果这是偶然的，那么下面这样的假说也成立。宇宙不止一个，而是存在无数个，超弦理论中所有可行的选择都存在于相应的宇宙之中。因为我们碰巧只观测了“这个标准模型”所对应的宇宙，所以只认为那就是唯一的答案。

3. 这个宇宙碰巧适合人类？

我们不知道是否真的存在很多个宇宙，但是也有理论认为在大爆炸之前，宇宙发生膨胀的时候，“母宇宙”不断在各处产生“子宇宙”和“孙宇宙”。我们称之为“平行宇宙”（图 8-1）。

因此，也出现了进一步推进刚才假说的观点，这就是所谓的“人择原理”。在自然界的基本法则中，有很多看似为了让宇宙中诞生人类（具有智慧的生命）而绝妙调节的东西。其理由为“在无法诞生具有智慧生命的宇宙中，也不存在观测该宇宙的生物。只有那种被绝妙调

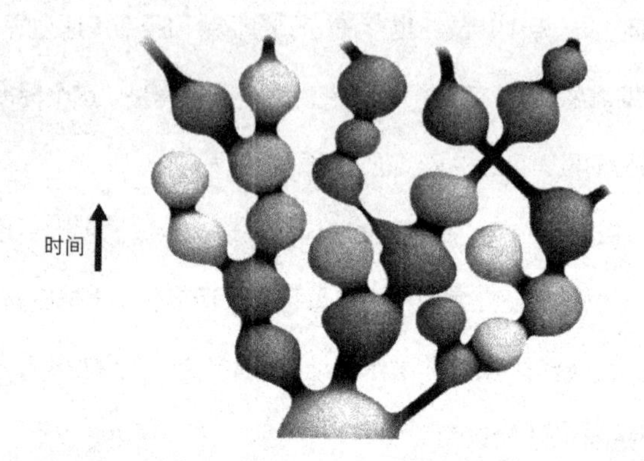

图 8-1　在膨胀的宇宙模型中，也有预言平行宇宙存在的东西

节的宇宙才能被观测”。人择原理认为，绝妙的调节并不“令人不可思议”，反而是“理所当然”的。

能够准确诠释这一原理的例子是有关太阳和地球之间距离的问题。地球与太阳相距 1500 亿米。它们之间的距离不为 10 亿米或 10 兆米的理由是显而易见的。如果地球位于那样的位置，别说人类了，就连适合生命诞生的气候都没有。水无论冻成冰，还是变成水蒸气，都不会创造出作为生命之源的海。正因为地球位于具有适宜气候的绝妙位置，我们才能够在这颗行星上诞生，才能测量太阳与我们的距离。

但是，如果假设太阳系中没有“距离恰到好处”的行星，那么即使因此不会诞生人类，或许也会在太阳系之外围绕其他恒星公转的行星上，诞生类似人类的具有智慧的生命。实际上，近十几年来我们发现了很多太阳系外行星，最近也发现了距离恰到好处，大小与地球相近的行星。只要宇宙的某个角落存在具有智慧的“人们”，他们就会对宇宙进行观测吧。

自然界的基本法则中存在很多关键的要素，只要这些要素出现微乎其微的偏差，岂止生物，就连星球和星系也不会诞生。

例如，因为质子携带正电荷，所以质子之间相互排斥。但是，假设电磁力缩小 2%，核力的引力就能克服电磁力，让质子直接结合。如果发生这样的现象，那么太阳就会在核反应下爆炸似地燃烧殆尽。相反，如果电磁力过强的话，原子中的电子就会坠入原子核内，大多原子会因此变得不稳定。那么就不用说像人类这么复杂的生物了，就连一般的星球也不会诞生。为了我们的存在，电磁力的强度恰到好处。

另外，质子的重量大约是电子的 2000 倍，如果这两种基本粒子的质量比太大的话，就无法组建像生命之本 DNA 那样的结构。相反，如果质量比过小的话，星球就会变得不稳定。

第一章曾讲过引力很弱。如果再弱一点儿的话，恒星和行星就不会成块。相反，如果引力过强的话，这些星球将全部崩塌而变成黑洞。

如果用广义相对论和量子力学中的自然单位，来表示目前观测到的宇宙暗能量的大小，那将会是一个非常渺小的值（10^{120} 分之一，即便如此，暗能量也占宇宙全部能量的 70%）。如果暗能量比这个数值大的话，宇宙的膨胀速度就会变得过快，应该不会产生星系了。相反，其大小偏向负值的话，宇宙将会立刻崩塌。

再举一个例子。我们所在的空间是三维的，然而如果假设该空间是四维的话，那么牛顿的万有引力定律就不再是引力大小与距离的平方成反比，而变成与距离的三次方成反比，因此像太阳系这样的行星系统就会变得不稳定，行星无法保持一定的轨道，将会坠入太阳之中。相反，如果我们的空间是二维的话，就连组建生命丰富结构的余地都没有。例如，地球上的动物基本上都具有从嘴开始连接到肛门的消化器官。如果二维的生物具有消化器官的话，身体就会被分成两半。

通过罗列这些基本法则，我们发现这个宇宙对于人类再适合不过了。如同宇宙中能够诞生可以观测宇宙的生命一样，基本法则也好像被微调过了。

如果不靠“神”来对其进行解释的话，就是人择原理。该原理认为，如果宇宙只有一个，那么适合人类的基本法则就像神一般的处理，如果存在无数个宇宙的话，就没有必要谈及神了。这样就会产生“电磁力的强度”“质子和电子的质量比”“引力的强度”“暗能量的数量”

和“空间的维度”等要素与我们宇宙大不相同的宇宙。但是，那些宇宙不会诞生星球和生物。宛如我们不在距离太阳过近的水星，也不在距离太阳过远的海王星，而是在适合向具有智慧的生物进化的地球上，我们的这个宇宙碰巧具有对于我们而言“恰到好处的基本法则”。

4. 融合相对论和量子力学的唯一候选

不过我认为人择原理是科学的“最终兵器”。它确实是具有说服力的假说，也有可能实际就是如此。不过，我们不应该轻易地依赖这一观点。因为如果最初认为是人择原理，就有可能漏掉其实能够通过理论演绎出来的现象，而错误地将其定性为“偶然”。

纵观物理学的历史，被认为是偶然确定的现象非常之多，然而随着更加基本的法则被人们发现，就可以用理论的必然性对其进行解释说明了。例如，牛顿的万有引力定律解释了引力现象，但是无法说明引力质量和惯性质量相同的原因。爱因斯坦利用广义相对论回答出了牛顿未能作答的这个疑问。

再举一个例子。我们都知道，在三维方向上我们的宇宙几乎是平坦的。这是宇宙膨胀的能量和物质的能量绝妙协调的结果。如果在大爆炸发生 1 秒后，这两种能量但凡出现 100 万亿分之一这么微小的偏差，宇宙的膨胀就会放大这一偏差，宇宙会因此立刻收缩后崩塌，或者骤然膨胀后冷却。如此一来，就没有生命诞生和进化的时间了。我们或许只能用人择原理来解释，宇宙诞生时的膨胀能量和物质能量如此绝妙的和谐。

其实事实并非如此。根据暴涨理论，初期宇宙的加速膨胀让宇宙变得像被熨斗熨过一样平坦，精度为 100 万亿分之一的微调也是自然发生的。

我们之所以不应该轻易依赖人择原理，是因为像这样乍看属于偶然的现象，经过深思熟虑后也能够解释为理论的必然。

另一方面，试图通过基础理论导出所有基本粒子的标准模型为必然产物的努力，会像通过理论演绎出行星轨道的尝试那样，也有可能以徒劳告终。为建设基本粒子的标准模型做出巨大贡献的诺贝尔奖得主史蒂芬·温伯格（Steven Weinberg），在最近美国杂志 *Harper's* 的采访中这样说道：

“我们正站在理解自然界基本法则道路的历史分歧点上。如果平行宇宙的观点是正确的，那么基础物理学的研究将会发生戏剧性的变化。”

之所以能用人择原理来解释太阳与地球之间的距离，是因为我们知道太阳系内存在地球之外的行星，另外整个宇宙存在很多与太阳系相似的行星系统，行星的轨道是由历史的偶然确定的。同理，人择原理为了解释基本粒子的标准模型，需要存在能够支撑 10^{500} 这么一个庞大数值的自然法则，并显示出它们在整个宇宙进化过程中的表现。目前只有超弦理论能够解决这个问题。要想判定基于人择原理的研究是否有意义，必须加深对超弦理论的理解，从而理解自然法则的哪些部分是偶然确定的、哪些部分能够通过基本原理推导出来。

幸运的是，超弦理论已经准备好了建设基本粒子标准模型所需的要素。因此，超弦理论成为了解决 80 多年悬而未决的“融合相对论和量子力学”难题的唯一候选。该理论仿佛是从岩石裂缝中射出的一道光。

当然，也有必要推进实验的验证。就目前来看，该领域的理论已经走在了前头，验证理论的工作已经赶不上理论的脚步了。因此，也有人发出了质疑的声音称：“超弦理论是无法验证的吧?”

但是，在物理学的世界中，有不少理论的验证都经过了相当漫长的时间。例如牛顿力学很快就被确立为有效的理论，然而直到卡文迪许实验证明引力“万有”的性质却历经了 100 多年的岁月。

另外，所有物质都由“原子”组成的观点可以追溯到古希腊时期，然而近代的原子论却始于 1808 年约翰·道尔顿编著的《化学哲学新体系》的问世。不过，由于 19 世纪末期原子仍未被观测到，该理论招致了人们的批判。科学家、哲学家恩斯特·马赫等人的批判，甚至将利用原子论给予熵微观定义的路德维希·玻尔兹曼逼到了自杀的地步。在 1905 年（奇迹之年）爱因斯坦发表布朗运动的理论之前，人们没有找到原子存在的直接证据。爱因斯坦提出的公式 $E = mc^2$ 也经过了 27 年才得到验证。

或许超弦理论也会在不久的将来得到验证。例如，现在进行中的关于暗物质的探索结果表明，需要用超弦理论对其进行解释说明。另外，如果能够观测到来自初期宇宙的引力波，就能直接验证使用超弦理论的宇宙论了吧。除此之外，本书也曾讲过围绕引力的实验项目以各种各样的形式处于进展之中。所有实验项目都与最尖端的引力理论——超弦理论存在某种关系。只要实验的验证向前发展，理论立足于验证结果，也应该会取得更大的进步。

所谓科学，就是为理解自然而构筑新理论的工作。虽说实验的验证是不言而喻的重要步骤，但是科学的进步并非单凭这点进行评定。我认为，某一领域滋生的新观点在科学家的圈子内如何被接受，以及它触发了多少新的研究，也是衡量该领域进步的重要基准。

也就是说，科学是观点的自由市场。在强有力的观点、优美的观点自然会集结诸多研究者，从而推动该领域不断发展。从超弦理论这样高度的数学理论研究，到看清暗物质和暗能量真相的实验，以及探索初期宇宙模样的观测，试图阐明引力根源问题的这个领域现在充满了朝气。

你如果通过阅读本书对该科学领域产生了兴趣，请一定要继续关注它今后的发展。牛顿力学、麦克斯韦电磁学、爱因斯坦理论、量子力学……本书介绍了很多已经确立的理论，然而超弦理论是未来的理论。我们作为与之同一时代的人，共同来见证它的进步，以及它不断接近解释世界的终极理论的过程。抑或可以作为研究者，让自己变成当事人。我认为，这是人类经历着的、最令人兴奋的智力冒险之一。

后 记

当把研究成果写成论文的时候，我会想起想要阅读自己论文的研究者。如何动笔才能引起他的共鸣？怎样组织语言才能让他接受？我一边思考这些问题，一边撰写论文。

在编写本书的时候，我想起了毕业以后就没有再见的一位高中同学。虽然这位同学与我职业迥然不同且远离科学领域，但是他的好奇心仍旧十分旺盛。只要我条理清晰地谈起我的研究，他就能理解。时隔三十年与这样的故交重逢，我打算从大学的学习、研究生院的研究开始写起，讲述至今为止思考过的问题。

因为我们已经很久未见，所以从我们一起在高中学习的理科开始讲起。但是，绝对不能为了简化说明而敷衍了事。为了让他完全明白我认为重要的内容，即使篇幅有些冗长我也认真仔细地进行了解释说明。大家在阅读本书的过程中，也会碰到此前从未听说过的概念，可能时而会不得不停下来把书扣下，进行一番思考。在思考后理解了新的观点时，如果你意识到的你世界观似乎发生了一些变化，那么我撰写本书的目的就达成了。

法国的生物学家、化学家路易·巴斯德曾经说过："科学虽没有国界，但科学家却有自己的祖国。"我在日本接受了研究生院之前的教育，在加利福尼亚的大学任教已有18个年头了。我有幸成为Kavli IPMU的主任研究员，从2007年开始每年都要到东京大学从事三个月的研究工作，在位于千叶县的柏校区从事以超弦理论为中心的物理学和数学的研究。由于我可以定期回国，受邀在以普通大众为对象的市民讲座上做演讲、执笔科学讲解稿件的机会也随之增加了很多。因为我自身就是在上小学时阅读了启蒙书籍之后对科学产生了兴趣，并走上了科学家的道路，所以能够得到这次编写新书的机会，我内心充满了感激之情。

本书从引力的七个不可思议开始谈起，详细介绍了相对论和量子力学的重要内容，并解说了超弦理论的最新进展和全息原理。引力既是极其贴近我们身边的力，又是自然界基本法则的中枢，它与自然中不可动摇的真相密切相关。因此，我既想告诉大家那个故事，又想加上这个话题，但如果全都写出来就会没有尽头了。在此特别感谢将这些内容整理成一本新书的冈田仁志。另外，幻冬舍新书编辑主任小木田顺子从企划阶段开始就忙前忙后，给予了我很多帮助。由于这是我第一次编写科普类的书，所以自认为是一名令人费心的作者。我还要感谢鼓励我编写本书的 Kavli IPMU 所长村山齐。

学习科学的时候，了解其历史是大有裨益的。科学是人类为了了解自己所在的世界，经过数千年的反复试验而积累起来的观点宝库。通过了解前人们的努力足迹，我们可以从对科学的歪曲看法中解放出来，而把现在的研究置于大的潮流之中。

另外，我们常常认为科学的知识枯燥无味，然而发现的背后有各种各样的故事，了解这些背景故事也会对理解科学知识有所帮助。于是本书在讲解科学知识的同时，也穿插了科学家们的逸闻趣事。其中爱因斯坦是前半部分内容的主人公，关于他的几则逸闻，我向加州理工学院的同事戴安娜·科莫斯·布赫瓦尔德（Diana Kormos-Buchwald）进行了确认，她是爱因斯坦论文项目的负责人。

最后，我要感谢将我带入学问世界的老师们、一起学习过的朋友们和一直在背后支持我的父母和家人。

2012 年 4 月

大栗博司

版权声明